地质灾害防灾减灾体系理论与建设

解 伟 高瑞涛 吴英波 著

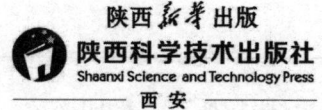

陕西科学技术出版社
Shaanxi Science and Technology Press
西安

图书在版编目（CIP）数据

地质灾害防灾减灾体系理论与建设 / 解伟，高瑞涛，吴英波著. -- 西安：陕西科学技术出版社，2024. 12.
ISBN 978-7-5369-9161-3

Ⅰ.P694

中国国家版本馆CIP数据核字第2024UQ2512号

DIZHI ZAIHAI FANGZAI JIANZAI TIXI LILIUN YU JIANSHE
地质灾害防灾减灾体系理论与建设
解 伟　高瑞涛　吴英波　著

责任编辑	郭 勇　赵 冰
封面设计	卫晨亮

出 版 者	陕西科学技术出版社
	西安市曲江新区登高路1388号陕西新华出版传媒产业大厦B座
	电话（029）81205187　传真（029）81205155　邮编710061
	http：//www.snstp.com
发 行 者	陕西科学技术出版社
电　　话	（029）81205180　81205190
印　　刷	北京四海锦诚印刷技术有限公司
规　　格	720mm×1000mm　16开本
印　　张	14.25
字　　数	220千字
版　　次	2024年12月第1版
印　　次	2025年1月第1次印刷
书　　号	ISBN 978-7-5369-9161-3
定　　价	68.00元

版权所有　翻印必究

前　言

　　灾害是指对人类生命财产及人类赖以生存和发展的资源与环境造成危害及破坏的事件或过程。按成灾条件，灾害可分为自然灾害和人为灾害两大类，其中地质灾害是自然灾害的一个主要类型。地球自形成以来，其物质组成、内部结构、表面形态时刻都在变化着，所有引起固体地球的物质组成、内部结构、表面形态等方面发生变化的过程，统称为地质作用。

　　地质灾害，包括自然因素或者人为活动引发的危害人民生命和财产安全的山体崩塌、滑坡、泥石流、地面塌陷、地裂缝、地面沉降等与地质作用有关的灾害。我国地质条件复杂、地质环境脆弱，频发的地质灾害呈现出种类多、面积广、规模大、频率高、破坏力强、治理造价高、技术难度大等特点。近年来，因为人口快速增长和集中，所以人为因素对自然生态的破坏导致地质灾害对人类世界的潜在威胁日趋严重，地质灾害造成的人员伤亡和经济损失逐年增加，严重威胁着人民生命财产安全，成为影响我国经济发展和社会稳定的重要负面因素，严重制约着社会的可持续发展。针对大范围的地质灾害分布区，地质灾害预报预警是主要的防灾减灾手段。我国防灾减灾的任务相当艰巨，

　　本书以"地质灾害防灾减灾体系理论与建设"为课题，阐述了地质灾害与防灾减灾的概念，分析了我国面临的地质灾害防灾减灾的形势，系统地论述了地质灾害应急管理、地面变形地质灾害及防治、斜坡地质灾害及防治、工程岩土体地质灾害及防治、城市地质灾害及防治，研究了地质灾害防灾减灾体系建设研究。本书从各灾种的基本概念入手，由浅入深逐步介绍了各灾害的成因、影响因素、灾害调查、预测预报、治理措施等，本书体系合理、层次清晰内容全面、实用性强。尤其在已有研究成果的基础上，结合笔者的科研与生产实践，对斜坡与滑坡地质灾害的勘查、监测预测、工程技术的防治措施进行了系统的归纳与总结。本书不仅能当成教材使用，而且对推动地

质灾害及其防治的深入发展，以及对交流与普及地质灾害及防治知识、推动地质灾害的防灾减灾，对高等学校地质工程、岩土工程、防灾减灾工程、勘查技术与工程等专业学生综合素质的培养起到积极的作用。

编者在编写本书过程中参考了大量的相关著作、教材、手册、期刊论文、技术资料等，由于篇幅有限未能一一列出，因此对相关作者表示衷心的感谢。

编者欲极力丰富地质灾害防灾减灾的相关内容，但是由于内容涉及广加之撰写、出版的时间十分仓促，因此本书难免存在疏漏与不足，希望广大读者及时总结和反馈使用的情况，提出修改、完善的意见和建议。

本书由解伟、高瑞涛、吴英波撰写，李荣昌、罗杨、张利娟、丁小军、俞晨亮、王克强、王羽佳、段顺荣对整理本书书稿亦有贡献。

目录

第一章 地质灾害与防灾减灾概述 ………………………………… 1
第一节 地质灾害的概念及分类分级 …………………………… 1
第二节 地质灾害的成因及危害 ………………………………… 6
第三节 地质灾害的评估与分析 ………………………………… 9
第四节 防灾减灾的概念 ………………………………………… 19
第五节 防灾减灾的目标、原理及措施 ………………………… 20
第六节 我国的地质灾害防灾减灾形势 ………………………… 28

第二章 地质灾害应急管理 ………………………………………… 31
第一节 地质灾害基础 …………………………………………… 31
第二节 地质灾害应急管理的原则与组织体系 ………………… 57
第三节 地质灾害应急管理运行机制 …………………………… 62
第四节 地质灾害防治的法律法规 ……………………………… 75

第三章 地面变形地质灾害及防治 ………………………………… 81
第一节 地面变形地质灾害的概念 ……………………………… 81
第二节 地面沉降灾害及防治 …………………………………… 83
第三节 地裂缝灾害及防治 ……………………………………… 97
第四节 地面塌陷灾害及防治 …………………………………… 107

第四章 斜坡地质灾害及防治 ································ 138
第一节 斜坡地质灾害的概述 ································ 138
第二节 崩塌灾害及防治 ····································· 179
第三节 滑坡灾害及防治 ····································· 187

参考文献 ·· 219

第一章　地质灾害与防灾减灾概述

地质灾害属于由地球内力或外力作用（含人类活动的营力作用）产生的不良地质作用引发的一类灾害，属于自然灾害的一种重要类型。地质灾害给人类造成人员伤亡和巨大的经济损失，严重破坏环境资源，因此地质灾害的防灾减灾始终是重中之重。

第一节　地质灾害的概念及分类分级

一、灾害及地质灾害的概念

灾害是指那些由于自然的、人为的或人与自然综合的原因，对人类生存和社会发展具有危害后果的各种事件与现象。自古以来，灾害就与人类共存，灾害给人类带来了巨大的损失，人类也为防止灾害和减轻灾害做出了很大的努力。灾害是从人类的角度来定义的，体现的是"以人为本"的理念，灾害一定以造成人类生命、财产损失的后果为前提。如果山体滑坡发生在荒无人烟的冰雪深山，并无人员伤亡，甚至无人知晓，则不会称作灾害；但是如果山体滑坡发生在人员聚居的城镇及乡村，导致人员伤亡、房屋倒塌、农田被掩埋、水利设施被冲毁等，就属于灾害事件。

随着人类生产建设的发展和科学技术水平的提高，再加上人口的过快增长和城镇化的发展，人类日益开发更多的天然资源，打破了自然界中的生态平衡和地质作用平衡。因为人类活动所引起的灾害日趋增加，以及各种自然因素所造成的灾害危害性日趋严重，所以，人们越来越关注各种灾害对人类的生命财产和工业、农业及民用建筑所造成的危害。深入研究各种灾害发生的原因机制，研究灾害的分类，以及开展对这类灾害的评价、监测和防治，已成为独立的学科。

灾害的种类繁多，分类方法也不同。灾害的分类，根据起因划分为人为灾害和自然灾害；根据原因、发生部位和发生机理划分为地质灾害、天气灾害、环境灾害、生化灾害和海洋灾害等。

自然灾害是人类依赖的自然界中所发生的异常现象，自然灾害对人类社会所造成的危害往往是触目惊心的。自然灾害和环境破坏之间又有着复杂的相互联系。人类要从科学的意义上认识这些灾害的发生、发展及尽可能减小它们所造成的危害，已是国际社会的一个共同主题。地球上的自然变异，包括人类活动诱发的自然变异，时时刻刻在发生，当这种变异给人类社会带来危害时，即构成自然灾害。灾害都是消极的或破坏的作用。自然灾害是人与自然矛盾的一种表现形式，具有自然和社会两重属性，是人类过去、现在、将来所面对的最严峻的挑战之一。世界范围内重大的突发性自然灾害包括：旱灾、洪涝、台风、风暴潮、冻害、雹灾、海啸、地震、火山、滑坡、崩塌、泥石流、森林火灾、农林病虫害等。

我国是世界上自然灾害种类最多的国家之一，其中对我国影响最大的自然灾害有七大类，包括：气象灾害、海洋灾害、洪水灾害、地震灾害、地质灾害、农作物生物灾害、森林生物灾害。

地质灾害是指在自然或者人为因素的作用下形成的，对人类生命财产、环境造成破坏和损失的地质作用（现象），如滑坡、崩塌、泥石流、地面塌陷、地裂缝、地面沉降、岩爆、坑道突水、突泥、突瓦斯、煤层自燃、黄土湿陷、岩土膨胀、砂土液化、软土震陷、土地冻融、水土流失、土地沙漠化及沼泽化、土壤盐碱化，以及地震、火山、地热害等，一般被称为广义地质灾害。

根据2003年国务院颁发的《地质灾害防治条例》规定，地质灾害包括自然因素或者人为活动引发的危害人民生命和财产安全的山体崩塌、滑坡、泥石流、地面塌陷、地裂缝、地面沉降等与地质作用有关的灾害，这六种与地质作用有关的灾害一般被称为狭义地质灾害。

另外，可能危害人民生命和财产安全的不稳定斜坡、潜在滑坡、潜在崩塌、潜在泥石流和潜在地面塌陷，以及已经发生但目前还不稳定的滑坡、崩塌、泥石流、地面塌陷等，称为地质灾害隐患。

二、地质灾害的分类

从广义的地质灾害来说，其种类繁多，分类方法也不同。依据地质灾害的概念和含义，凡是与内动力地质作用、外动力地质作用、人类工程动力作用有关的地质灾害，以岩石圈自然地质作用为主导因素形成的自然灾害都归入地质灾害类型。一般可按致灾地质作用的性质和发生处所、成灾过程的快慢、地质灾害发生区的地理或地貌特征进行划分。

（一）按致灾地质作用的性质和发生处划分

地质灾害按致灾地质作用的性质和发生处，可划分为地球内动力活动灾害类、边坡岩土体运动（变形破坏）灾害类、地面变形破裂灾害类、矿山与地下工程灾害类、河湖水库灾害类、海洋及海岸带灾害类、特殊岩土灾害类、土地退化灾害类共八类地质灾害。致灾地质作用都是在一定的动力诱发（破坏）下发生的，诱发动力有的是天然的，有的是人为的。因此，地质灾害也可按动力成因分为自然地质灾害和人为地质灾害两大类。自然地质灾害发生的时间、地点、规模和频度，受自然地质条件控制，不以人类历史的发展为转移；人为地质灾害受人类工程开发活动制约，常随社会经济发展而日益增多，因此防止人为地质灾害的发生已成为地质灾害防治的一个重要方面。

（二）按成灾过程的快慢划分

就地质环境或地质体变化的速度而言，地质灾害的发生、发展进程，有的是逐渐完成的，有的则具有很强的突然性。因此，可将地质灾害概分为突变型地质灾害和缓变型地质灾害两大类。突然发生的，并在较短时间内完成灾害活动过程的地质灾害为突变型地质灾害；发生、发展过程缓慢，随时间延续累进发展的地质灾害为缓变型地质灾害。

（三）按地质灾害发生区的地理或地貌特征划分

地质灾害按发生区的地理或地貌特征，可分为山地地质灾害，如崩塌、滑坡、泥石流等，以及平原地质灾害，如地面沉降等。

中华人民共和国地质矿产行业标准《地质灾害分类分级（试行）》(DZ

0238-2004）根据灾类、灾型、灾种确定地质灾害分类体系，按表1-1确定。

表1-1 地质灾害分类体系

灾类	灾型	灾种
地球内动力活动灾害类	突变型	地震灾害（原生灾害、次生灾害）火山灾害
	缓变型	—
斜坡岩土体运动（变形破坏）灾害类	突变型	崩塌灾害（危岩、高边坡）、滑坡灾害、（土体滑坡、岩体滑坡）、泥石流灾害（泥流、泥石流、水石流）
	缓变型	—
地面变形破裂灾害类	突变型	地面塌陷灾害（岩溶塌陷、采空塌陷）、地裂缝灾害（构造地裂缝、非构造地裂缝）
	缓变型	地面沉降灾害
矿山与地下工程灾害类	突变型	矿井突水灾害、冲击地压灾害、瓦斯突出灾害、围岩岩爆及大变形灾害
	缓变型	煤层自然灾害、矿井热害
河湖水库灾害类	突变型	河岸坍塌灾害、管涌灾害、河堤溃决灾害
	缓变型	河湖港口淤积灾害、水质恶化灾害
海洋及海岸带灾害类	突变型	海啸灾害、风暴潮灾害、海面异常升降灾害、
	缓变型	海水入侵灾害、海岸侵蚀灾害、海岸淤进灾害
特殊岩土灾害类	突变型	黄土湿陷灾害、砂土液化灾害
	缓变型	软土触变灾害、膨胀土胀缩灾害、冻土冻融灾害
土地退化灾害类	突变型	—
	缓变型	土地沙漠化灾害、土地盐渍化灾害、土地沼泽化灾害、水土流失灾害

按照2003年国务院颁发的《地质灾害防治条例》规定，地质灾害为包括自然因素或者人为活动引发的危害人民生命和财产安全的山体崩塌、滑坡、泥石流、地面塌陷、地裂缝、地面沉降等与地质作用有关的灾害。

三、地质灾害的分级

地质灾害分级反映了地质灾害的规模、活动频次及其对人类与环境的危害程度。地质灾害的分级方案有灾变分级、灾度分级、风险分级。灾变分级是对地质灾害活动强度、规模和频次的等级划分；灾度分级反映了灾害事件发生后所造成的破坏和损失程度；风险分级是在灾害活动概率分析基础上核算出来的期望损失的级别划分。

上述三种分级是基于不同目的而提出的，彼此不能相互取代。在经济发达地区，对风险分级更应予以重视。受地质灾害区域性分布特点、社会经济发展水平和科学技术水平等因素的影响，制定统一的地质灾害分级标准也比较困难。

根据《地质灾害分类分级（试行）》(DZ0238-2004)的地质灾害分级标准，以一次灾害事件造成的伤亡人数和直接经济损失两项指标把地质灾害灾度等级划分为特大灾害、大灾害、中灾害、小灾害4级，按表1-2确定。潜在地质灾害根据直接威胁人数和灾害期望损失值亦划分为相应的4级灾害。

表1-2 地质灾害灾度等级分级

指标		特大灾害（Ⅰ级灾害）	大灾害（Ⅱ级灾害）	中灾害（Ⅲ级灾害）	小灾害（Ⅳ级灾害）
伤亡人数	死亡（人）	>100	10~100	1~10	0
	重伤（人）	>150	20~150	5~20	<5
直接经济损失（万元）		>1000	500~1000	50~500	<50
直接威胁人数（人）		>500	100~500	10~100	<10
灾害期望损失（万元/a）		>5000	1000~5000	100~1000	<100

常见地质灾害灾变等级分级按表1-3确定。

表1-3 常见地质灾害灾变等级分级

项目		特大型	大型	中型	小型
崩塌	体积（万 m^3）	>100	10~100	1~10	<1
滑坡	体积（万 m^3）	>1000	100~1000	10~100	<10
泥石流	堆积物体积（万 m^3）	>100	10~100	1~10	<1
岩溶塌陷	影响范围（km^3）	>20	10~20	1~10	<1
地裂缝	影响范围（km^3）	>10	5~10	1~5	<1
地面沉降	沉降面积（km^3）	>500	100~500	10~100	<10
	最大累计沉降量（m）	2.0~1.0	0.5~1.0	0.1~0.5	<0.1

地质灾害分级的应用原则是：就高不就低，灾变界限值只要达到上一档次的下限即定为上一档次灾害；灾害界限值中伤亡人数或直接经济损失，只

要一项指标达到高档次，则按高档次定名灾害的级别。

第二节　地质灾害的成因及危害

一、地质灾害的成因

地质灾害的致灾因素具有自然孕育和人类活动引发的双重属性，具体表现为它的形成与发展主要受地形地貌、岩土地质条件、水文地质条件、区域气候和人类工程经济活动等多方面的影响。地质环境复杂、地层软弱、结构不均匀、区域断裂活动和地震作用的长期影响是地质灾害的重要背景因素。区域气候因素是引发地质灾害的直接因素和激发条件，崩塌、滑坡、泥石流的发生与区域冻融、大气降水量、降水强度和降水历时关系密切。地形地质因素是发生地质灾害的物质基础和潜在条件，影响着地质灾害的性质和规模。

随着人类经济活动逐步向广度和深度发展，工程活动在山地丘陵区进行森林集中砍伐、陡坡垦殖、开挖爆破、弃石废渣、过度放牧和城镇及新农村建设"向山要地""进沟发展"等都加速改变了地质历史过程中长期形成的原有地表地质的稳定结构，进一步加剧了地质灾害的发生。

地质灾害除了自然因素本身引发外，更多的是由于违反自然规律、不合理的人类工程活动诱发的。主要的人类工程活动有以下几种方式。

（1）开挖坡脚：修建公路、铁路、依山建房等。

（2）蓄水排水：水渠和水池的漫溢与漏水，工业生产用水和废水的排放，农业灌溉等。

（3）堆填加载：在斜坡上大量兴建楼房，大量堆填土石、矿渣等。

（4）劈山开矿的爆破、山坡上乱砍滥伐等，也容易诱发地质灾害。

二、地质灾害的危害

地质灾害给人类造成人员伤亡和巨大的经济损失，破坏环境资源，影响城乡可持续发展。我国地质灾害的活动强度、暴发规模、经济损失和人员伤亡等方面均居世界前列。特别是山地丘陵区突发性的滑坡、泥石流等常常摧毁淤埋城镇，危害村寨，冲毁道路桥梁，破坏水电工程和通信设施，淹没农田，堵塞江河，劣化生态环境，危及自然保护区和风景名胜区，严重制约我国山地丘陵区社会经济的发展。

据统计，1995~2010年（2010年统计数据至10月），我国平均每年因突发性地质灾害死亡和失踪约1101人。因地质灾害造成的直接财产损失年均100亿~150亿元。特别是2010年，全国因地质灾害造成2246人死亡、669人失踪、534人受伤，其中仅舟曲"8·7"特大山洪泥石流灾害就造成1501人死亡、264人失踪。随着我国山地丘陵区经济的发展、人口的不断增长，区域经济存量、人口密度、社会财富将大幅度增长，地质灾害的风险程度和危害次数也将显著增加。

据近年来的概略调查，全国除上海市外，各省（自治区、直辖市）均存在滑坡、崩塌、泥石流等灾害，记录编目的泥石流、滑坡、崩塌的隐患点大约有23万处，直接威胁人口达1359万人，受影响人口预计达6795万人。其中，分布在四川、重庆、云南、贵州、江西、广西、广东、福建、陕西、湖南、山西、西藏、湖北、甘肃等省（自治区、直辖市）的隐患点约占全国总数的75%。

滑坡、崩塌、泥石流等地质灾害随时都有可能带来严重的破坏，甚至是灾难。例如，美国布法罗的煤矿废物泥浆挡坝的倒塌造成125人死亡；北意大利的瓦依昂坝水库左岸滑坡，使得25000万m^3的滑体以28m/s的速度下滑到水库，形成超过250m高的涌浪，造成下游2500多人丧生；我国湖北运安盐池河磷矿发生山崩，100万m^3的岩体崩落，摧毁了矿务局和坑道的全部建筑物，造成280人死亡；华蓥市溪口镇因崩塌形成的滑坡、泥石流造成222人死亡；宜宾市兴文县久庆镇，因建设切坡脚，诱发滑坡，导致楼房倒塌，赶集村民一次死亡达48人，伤40人；330国道青田县茅洋村路段边坡崩塌，途经此地的大客车被埋，车内37人全部身亡，车辆报废；美姑县乐约乡特大滑坡，导致150余人失踪；古蔺县滑坡、泥石流造成41人死亡；重庆市武隆区江北西段发生山体滑坡，造成一栋9层居民楼房垮塌，造成79人死亡，阻断了319国道新干道，几辆停靠和正在通过的汽车也被掩埋在滑体中。

世界上每年由于人工边坡或自然斜坡失稳造成的经济损失数以亿计，

如在美国仅加利福尼亚州因为边坡失稳造成的损失每年可达33亿美元，除此之外，在美国平均每年至少有25人死于这种灾害；英国的卡辛顿（Carsing-ton）大坝滑动，使耗资近1500万英镑的主堤几乎完全破坏。在我国，据不完全统计，1998年以来福建省先后发生崩塌、滑坡、泥石流、地面塌陷等21300多起，涉及40多个县（市、区），造成300余人死亡，伤500余人，毁房500余间，经济损失高达10多亿元；四川省在2007~2017年，每年地质灾害造成的损失达数亿元，死亡人数在300人左右；三峡库区的统计表明，1982年以来库区两岸发生滑坡、崩塌、泥石流达70多处，规模较大的为40多处，死亡400人，直接经济损失达数千万元。

滑坡及边坡的治理费用在工程建设中也是极其昂贵的。例如，在英国的北肯特（Kent）海岸滑坡处治中，平均每千米混凝土挡墙耗资高达1500万英镑；在伦敦南部的一个仅2500m²的小型滑坡处理中，勘察滑动面耗资2万英镑，而建造上边坡抗滑桩、挡土墙及排水系统耗资达15万英镑；如果加上下边坡，费用将翻倍。在我国，随着大型工程建设的增多，用于边坡处治的费用在不断增大，如三峡库区仅用于一期的边坡处治投资就高达40亿元；特别是在我国西部高速公路建设中，用于边坡处治的费用占总费用的30%~50%。因此对边坡进行合理的设计和有效的治理将直接影响到国家对基础建设的投资及安全运营。

地面塌陷灾害包括岩溶塌陷和采空塌陷。岩溶塌陷分布在我国24个省（自治区、直辖市）的300多个县（市、区）1万多处，塌陷坑总数达4.5万多个，中南、西南地区最多，约占总数的70%。全国有20个省（自治区、直辖市）发现采空塌陷，面积超过1200km²，黑龙江、山西、安徽和山东等省采空塌陷情况最为严重。

地面沉降灾害主要发生在我国中东部平原和山间盆地内，主要涉及上海、天津、北京、沧州、太原、阜阳、亳州及珠江三角洲和苏锡常地区。其中，苏州、无锡、常州地区沉降中心累计沉降量最大已超过3000mm，局部地区地面高程已接近或低于海平面。截至2009年，全国有80多个城市存在地面沉降，其中存在灾害性地面沉降的城市或地区有50多个，沉降面积约为5万累计地面沉降量超过200mm的地区已达到7.9万在长江三角洲和环渤海地区，地面沉降范围已从城市扩展到农村，形成了区域性地面沉降区。

截至2010年，上海市中心城区平均累计沉降量普遍大于600mm，最大累计沉降量接近3000mm，使其中心城区地面高程普遍低于全市平均高程。2006~2010年，因为地面沉降防治管理，特别是地下水开采和回灌管理得到持续加强，上海市年平均地面沉降量逐年下降，全市年平均地面沉降量由2005年的8.4mm，减少到2009年的5.2mm。近年来大规模高强度的城市建设等工程活动，特别是深基坑降排水活动已成为中心城区地面沉降的重要影响因素。

地裂缝灾害分布在除上海、浙江、福建外的28个省（自治区、直辖市），总数约2500条。地裂缝灾害主要分布在汾渭盆地、太行山东麓平原、大别山东北麓平原和长江三角洲中北部地区，形成4个地裂缝密集区。

第三节 地质灾害的评估与分析

一、地质灾害灾情的评估类型

地质灾害灾情的评估目的是通过揭示地质灾害的发生和发展规律，评价地质灾害的危险性及其所造成的破坏损失、人类社会在现有经济技术条件下抗御灾害的能力，运用经济学原理评价减灾防灾的经济投入及取得的经济效益和社会效益。

地质灾害灾情评估有多种类型，根据不同的分类原则有多种分类方法。

（一）根据评估时间划分

根据评估时间，地质灾害灾情评估分为灾前预评估、灾期跟踪评估和灾后总结评估三种类型。

1. 灾前评估

灾前评估是指对一个地区地质灾害事件的危险程度和可能造成的破坏损失程度的预测性评价，它是制定国土规划、社会经济发展计划及减灾对策预案的基础。

2. 灾期跟踪评估

灾期跟踪评估是指在灾害发生时对灾害损失的快速评估，它是制定救灾决策和应急抗灾措施的基础。

3. 灾后总结评估

灾后总结评估是指在灾害结束后对灾害损失进行的全面评估，它是决定救灾方案、制定灾后援建计划和防御次生灾害的重要依据。

(二) 根据评估范围或面积划分

根据评估范围或面积，地质灾害灾情评估分为点评估、面评估和区域评估三类。

1. 点评估

点评估是指对一个地质灾害体或具有相同活动条件及特征相对独立的灾害群进行的评估，评估范围一般不超过几十平方千米，点评估的对象是具体的单一的灾害体或灾害事件，通过评估能比较准确地量化它的损失程度和风险水平，可作为防治工程设计与施工的依据，如为治理滑坡或滑坡群而进行的滑坡灾害评估。

2. 面评估

面评估是指对具有相对统一特征的自然区域或社会经济区域进行的评估，评价区面积一般从几十平方千米到几千平方千米，如一个小流域或一座城市。其目的是评价某一地区地质灾害的破坏损失程度或风险水平，指导地质灾害防治工程并为区域规划和资源开发提供依据。

3. 区域评估

区域评估是指跨流域、跨地区的大面积的地质灾害灾情评估，评估范围为一个省或几个省乃至全国，面积一般在几万平方千米以上；区域评估的目的是对区域性地质灾害的破坏损失或风险水平进行评价，从而为宏观减灾决策和区域经济规划提供依据。

二、地质灾害灾情的评估内容

地质灾害灾情评估是对地质灾害灾情进行调查、统计、分析、评价的过程。在地质灾害成灾过程中，灾害活动情况是地质灾害灾情评估的重点，灾前孕育阶段与灾后恢复情况分别是地质灾害灾情评估的背景条件与辅助内容。

地质灾害灾情评估的内容包括危险性评价、易损性评价、破坏损失评价和防治工程评价4个方面的内容，其中危险性评价和易损性评价是地质灾害灾情评估的基础，破坏损失评价或灾害风险评价是灾情评估的核心，防治工程评价是灾情评估的应用。

危险性评价的目的主要是分析评价孕灾自然条件和灾变程度，通过分析地质灾害的形成条件和致灾机理，确定地质灾害的强度、规模、频度及其危害范围等。易损性评价是对受灾体的分析，其目的是划分受灾体类型，统计分析受灾体损毁数量、损毁程度，核算受灾体的损毁价值。破坏损失评价是对地质灾害发生后人员伤亡和财产损失的情况分析，其基本任务是核查人口伤亡数量，核算经济损失程度，评定灾害等级和风险等级。防治工程评价主要用来评价地质灾害防治工程的经济效益、社会效益和环境效益，对防灾抗灾工程的资金投入和效益进行分析。

(一) 地质灾害危险性评价

地质灾害危险性是地质灾害自然属性的体现，评价的核心要素是地质灾害的活动强度。从定性分析看，地质灾害的活动强度越高，其危险性就越大，灾害的损失也就越严重。

地质灾害危险性分为历史灾害危险性和潜在灾害危险性。

（1）历史灾害危险性是指已经发生的地质灾害的活动强度，评价要素为灾害的类型、规模、活动周期及研究区内灾害的分布密度；

（2）潜在灾害危险性是指具有灾害形成条件但尚未发生的地质灾害的潜在危害性，评价要素包括地质条件、地形地貌条件、气象水文条件、植被条件和人为活动条件等。对于历史地质灾害可以通过调查统计获取相关的资料和信息，对于潜在地质灾害则需要在调查研究的基础上通过一系列分析计算才能获取有关的资料。

地质灾害发生的概率是崩塌、滑坡、岩溶塌陷、地震等突发性地质灾害危险性分析的重要指标。突发性地质灾害属于随机性事件，同时又具有重复性和周期性特点。在不同条件下，它们发生的概率和成灾程度不同。地质灾害发展速率是地裂缝、地面沉降、海水入侵等渐进性地质灾害危险性分析的基础指针。渐进性地质灾害的评价对象是已经发生灾害的地区，评价内容主要是地质灾害的未来活动强度和成灾水平。

地质灾害危害范围的大小主要取决于灾害类型、活动规模和活动方式。例如，地震灾害可波及几千平方千米的范围，而崩塌的危害范围一般为几百平方米至几千平方米。地质灾害的危害范围可根据致灾的动力因素来分析确定，如地震的危害范围可由地震震级、震源深度及震中距等因素确定。

对于崩塌、滑坡和泥石流而言，它们的成灾范围一般包括灾害体发育区、灾害体活动区及由其引发的次生灾害危害区三部分组成。准确圈定地质灾害危害范围，对不同地区、不同类型地质灾害的规模、活动方式及其破坏能力进行评价，是评估和预测灾害损失的重要依据。

随着社会的发展，工程建设项目越来越多。近年来相关部门颁布了一系列关于加强地质灾害危险性评估工作的通知，经过几年推行，已取得了良好的地质灾害预防效果，明显地减少了工程建设诱发和遭受地质灾害危害的现象。最近，国家又颁布了地质灾害危险性评估技术要求的条例，再次强调了实行建设用地地质灾害危险性评估的重要性，这表明了我国地质灾害评估工作逐步趋于成熟，渐渐走上了正轨。然而相对于其他地质工作而言，地质灾害评估技术还是处于研究探索积累经验阶段，开展的时间不是很长，因此仍然需要一个完善的过程。

（二）社会经济易损性评价

易损性是指受灾体遭受地质灾害破坏机会的多少与发生损毁的难易程度。这一概念暗含了人类社会和经济技术发展水平应对正在发生的灾害性事件的能力。社会经济易损性由受灾体自身条件和社会经济条件所决定。受灾体自身条件主要包括受灾体类型、数量和分布情况等；社会经济条件包括人口分布、城镇布局、厂矿企业分布、交通通信设施等。

易损性评价的主要对象是受灾体，其目的是分析在现有经济技术条件下人类社会对地质灾害的抗御能力，确定不同社会经济要素的易损性参数，为地质灾害破坏损失评价提供基础。主要评价内容包括划分受灾体类型，调查统计各类受灾体数量及其分布情况，核算受灾体价值，分析各种受灾体遭受不同类型、不同强度地质灾害危害时的破坏程度及其价值损失率。

受灾体价值损失率是指受灾体遭受破坏损失的价值与受灾前受灾体价值的比率，它是易损性评价的重要内容。在灾后评估中，可通过对受灾体的调查，根据其实际损毁程度，评估核算受灾体的价值损失率。但在以期望损失为目标的灾情评估中，只能根据受灾体遭受某种强度的地质灾害时可能发生的破坏程度，分析预测受灾体的价值损失额和价值损失率。

不同受灾体对不同类型和活动强度的地质灾害的承受能力不一样，可能的损毁程度及灾后的可恢复性也存在着差异。地质灾害易损性评价包括灾害敏感度分析和承灾能力分析两个方面，它反映了人类工程活动和社会经济发展与自然环境组成要素之间的适宜程度。

（1）灾害敏感度是指在一定社会经济条件下，评价区内人类及其财产和所处的环境对地质灾害的敏感水平和可能遭受危害的程度。通常情况下，人口和财产密度越高，对灾害的反应越灵敏，受灾害危害的程度就越高。灾害敏感度分析的基本要素包括人口密度、建筑物密度和价值、工程价值、资源价值、环境价值、产值密度等。其分析方法主要有模糊综合评价、灰色聚类综合评价等。

（2）承灾能力是指人类社会对地质灾害的预防、治理程度及灾后的恢复能力。若防灾、抗灾和灾后恢复重建的能力强，则其承灾能力强。承灾能力分析的基本要素包括受灾体抗御地质灾害的能力、减灾工程的密度及其防治效益。

易损性评价成果可用于指导高风险区的防灾减灾，也为区域防灾措施的制定提供依据。在实际工作中，易损性评价的步骤可分为六步：①划分评价区；②选取评价指标；③确定评价指标分级标准及分值；④计算各评价区灾害易损度；⑤划分易损度等级；⑥进行易损性区划与评价。

其中易损性评价指标的选择是关键环节，可根据以下四种方法综合而得：其一，根据灾后损失评估体系采用反推法确定指标；其二，基于社会易损性理解所构想的指标；其三，从区域宏观经济发展描述选取指标；其四，由灾害案例采用信息量法确定指标。

胡焕校和张立明结合三峡库区地质灾害灾后损失统计数据，采用反推法确定以下四个指标为三峡库区地质灾害易损性评价指标：

（1）灾害密度是指单位面积发生的灾害数量，它反映了灾害数量的大小和承灾体的灾损程度。计算方法是评价区灾害次数/评价区土地面积。一般而言，区域灾害密度越大，则其易损性越大；反之，易损性越小。

（2）灾害频数是指评价区内每年发生的灾害次数，它反映了灾害发生的频数和承灾体的灾损程度。计算方法是评价区发生灾害的次数/年数。通常，灾害频数越大，易损性越大；反之越小。

（3）经济损失模数是指评价区单位面积上的经济损失，它反映了灾害经济损失金额。计算方法是评价区灾害直接经济损失/评价区土地面积。一般地，经济损失模数越大，易损性越大；反之越小。

（4）生命损失模数是指评价区单位面积上的人员伤亡数，它反映了灾害的人员伤亡分布密度。计算方法是评价区灾害的人员伤亡数/评价区土地面积。一般地，区域生命损失模数越大，易损性越大；反之越小。

（三）地质灾害破坏损失评价

从广义上讲，地质灾害的破坏损失由生命损失、经济损失、社会损失、资源与环境损失构成。但从可定量化的角度看，生命损失和经济损失对人类不但具有最直接的关系，而且比较容易量化评价；社会损失和资源与环境损失主要表现为间接损失，目前还难以进行量化评价。所以，地质灾害破坏损失主要是指地质灾害的经济损失，即以货币形式反映的地质灾害受灾体的价值损失。

地质灾害破坏损失评价是定量化分析地质灾害经济损失程度的过程，利用货币形式表示的绝对损失额和相对损失额来反映地质灾害破坏损失的程度。其主要内容包括：第一，计算评价区域地质灾害经济损失额、损失模数、相对损失率；第二，评价经济损失水平和构成条件；第三，分析破坏损失的区域分布特点。

地质灾害破坏损失评价的基本途径是在地质灾害发生概率、破坏范围、危害程度和受灾体损毁程度分析的基础上，研究地质灾害的经济损失构成，进而确定经济损失程度和分布情况。

地质灾害经济损失主要是由受灾体价值损失形成的。由于不同受灾体遭受灾害破坏后的价值损失形式不同，因此相应价值损失核算的途径也不一样，主要有成本价值（或修复成本价值）损失核算、收益损失核算、成本收益价值损失核算三种。

（1）成本价值损失核算以受灾体成本价值为基数，根据灾害损失程度或者修复成本、防灾成本投入核算受灾体的价值损失。房屋、道路、桥梁、生命线工程、水利工程、构筑物、设备及室内财产等绝大多数受灾体均可采用该方法进行价值损失核算。

（2）收益损失核算以受灾体的可能收益为基数，根据其灾害损失程度核算受灾体价值损失，主要适用于农作物价值损失核算。

（3）成本收益价值损失核算以受灾体的成本和收益为基数，根据其灾害损失程度核算受灾体价值损失，主要适用于资源价值损失核算。例如，土地资源的价值表现为成本价值和效益价值两方面，前者包括为建设交通、能源、通信设施等投入的费用；后者包括可能的商贸效益、工业效益、农业效益和旅游效益等。

地质灾害经济损失评估涉及面广、内容复杂，对地质灾害造成经济损失的评估结果往往有一定出入。有的学者认为我国地质灾害造成的直接经济损失为75亿~125亿元/a，其中崩塌、滑坡、泥石流经济损失占40亿~50亿元以上，其依据是地质灾害损失占我国自然灾害总损失的1/4；如果把20世纪90年代的自然灾害损失按每年1000亿元计，则地质灾害造成的直接经济损失约为250亿元/a。另有学者认为，我国地质灾害的年平均直接经济损失为80亿~120亿元，其中崩塌、滑坡、泥石流经济损失占20亿~30亿元，地震经济损失占10亿~20亿元。

地质灾害间接经济损失的评估更加困难，只能依据典型实例的直接经济损失和间接经济损失比例来评估。一些机构中的有关单位研究曾提出的几种主要灾害造成的直接经济损失与间接经济损失是崩塌、滑坡为1∶10，泥石流为1∶5，地面沉降为1∶3。

历史灾害破坏损失评价是指对已经发生的地质灾害的经济损失进行统计分析，评价的基本方法是调查统计。对于成灾范围较小、受灾体数量较少的灾害事件，可以对所有受灾体进行实际调查，评估其灾前价值；然后，根据其实际破坏情况，逐一确定损毁程度和价值损失率。如果成灾范围较大、受灾体数量较多，可采用分类调查统计或抽样调查统计方法核算灾害事件的经济损失。在危险性评价和易损性评价基础上核算可能的灾害损失的平均值，即期望损失评价。不同地质灾害的成灾过程和损失构成不同，期望损失的评价方法不一。例如，崩塌、滑坡、泥石流等突发性地质灾害的期望损失评价可根据风险评价理论采用概率预测方法进行计算；地面沉降、海水入侵等渐进性地质灾害可采用趋势预测方法进行计算;膨胀土胀缩灾害可根据防治措施采用影子工程法计算其期望损失。

(四) 地质灾害防治工程评价

地质灾害防治工程评价的目的是实现地质灾害防治的最优化。通过防治工程评价,对比不同灾害防治项目的可能效益,在此基础上规划安排防治顺序,确定优先防治项目,以便使有限的防治资金最充分地发挥作用。

地质灾害防治工程评价的基本内容是分析地质灾害防治工程的科学性,评估地质灾害防治工程的经济效益,评价地质灾害防治工程的可行性和合理性。

地质灾害防治工程评价的途径是结合地质灾害防治规划或防治方案,评价防治措施的技术可行性和经济合理性。技术可行性可通过工程分析和已有同类防治工程的有效性分析等途径实现;防治措施的经济合理性则根据防治效益或投入效益比确定。

以地质灾害防治工程为主构成的灾害防御系统,其基本功能是减轻或免除灾害给自然环境造成的破坏及对人类生命财产造成的损失,保障和维护人类的正常生产和生活,促使人类劳动价值的增值。防灾效益取决于防治条件下减少的地质灾害(期望)损失费用与防灾工程的投入费用,其表达式为

$$E = O|I$$

式中,E 为防灾效益;O 为防灾收益(或地质灾害期望损失费用);I 为防灾工程投入费用。

由上式可以看出,防灾效益的高低主要取决于防灾收益(用货币形式反映的防灾功能)与防灾成本(防治工程所需要的材料、劳动等投入)之比,而防灾收益和防灾工程投入费用的大小又与灾害危害强度、防灾度(防治工程对灾害的可能防御程度)、设防标准(防治工程的设计防灾能力)、防灾功能(防治工程可能实现的消灾能力、对受灾体的防护能力及可能产生的其他作用)等有关。

地质灾害防治工程效益主要体现在减灾效益上,少数地质灾害防治工程还附带有一定的增值效益,如植树造林除具有稳定斜坡岩土体、防治水土流失的减灾效益外,林木产品还可以产生一定的增值效益。增值效益可根据

单位产品市场价格核算。

通常情况下，防治费用和防灾效益成正比关系。人力、物力和财力的投入加大，地质灾害防治工程规模扩大，则防灾度提高，灾害损失下降。但从经济学角度看，必须以最小的减灾投入获取最大的防治效果，实现地质灾害防治效果与减灾投入比最佳。另外，还可以利用投入产出法、比拟法等计算地质灾害防治工程效益。

地质灾害减灾效益分析主要是针对地质灾害防治工程而言的，通过分析地质灾害防治工程的经费投入和减灾效果来评价其效益。虽然对减灾工程的经费投入可以较准确地计算，但在分析统计因灾害造成的直接经济损失和间接损失方面还存在着较大的困难。

直接经济损失是灾害对现有资产造成毁坏而损失的价值，在统计评估时一般按各种资产的原值或现值进行计算。间接损失是指除直接经济损失以外的非现实发生的而又由灾害导致必然发生的实际损失。它包括五部分：

（1）用于人员伤亡的善后处置费、医药费和灾民生活、生产救济费；

（2）原地无法重建时的易地搬迁费和人员安置费；

（3）自生产力遭受破坏或影响至恢复期间所损失的工农业产值；

（4）国土资源损失，如崩塌和滑坡造成的林地损失、农田毁坏或土壤肥力降低造成的损失等；

（5）对次生灾害所投入的抗灾、救灾等费用。

地质灾害减灾效益分析需要建立一套完整的合理的评价指标体系，从不同的角度按不同的标准进行评价就会得出差异很大的结论。以防治地质灾害为目的的资金投入，既不是生产性投入也不是经营性投入，它不产生资金增值，也就不能用投入与产出之比来反映它的效益。但它属于社会公益性投入，其效益也就必然反映在社会效益和经济效益两个方面。其社会效益主要是对人身安全和自然生态的保护，可以用量化的价值来反映，但不能同投入形成比例关系，属于直接效益。而经济效益又有直接经济效益和间接经济效益之分。对灾害地区现有资产的保障属于直接经济效益，可称为保值效益。保值效益（Z）由灾害损失价值（J）与减灾投入资金（T）之差求得，即 $Z=J-T$，或用减灾效益比（$b=Z/T$）来表示。间接经济效益是指减灾资金投入后对未来经济收益的保障，主要为受益地区现有生产规模的工农业年产值，可称为保产效益。保产效益等于灾害防治投入资金与受益地区的生产总值之比。

邓曦东总结了防灾减灾经济效益评价方面的理论研究现状，认为目前国内的研究领域主要集中在灾害损失范围界定、损失评估和核算的原则、方法和技术，以及防灾减灾的投入产出效应方面，研究方法上大多采用的是定性分析与定量分析相结合，在实证分析的基础上进行规范分析，为我国的防灾减灾工作提供了重要的理论指导。但是现有的研究在以下几个方面仍需要进一步完善。第一，关于灾害损失的分类和界定方面存在明显的分歧，尤其是在人员伤亡损失是否纳入经济损失方面，有的主张属于非经济损失，有的则通过一定的计算方法将其纳入经济损失之内，以便于全面反映防灾减灾的经济效益。邓曦东认为，人员伤亡导致的生命价值损失是灾害经济损失的重要方面，尽管其评估方法上仍需进一步研究。第二，对防灾减灾经济效益的评价，大多数学者认为我国目前的防灾减灾经济效益显著，估算的结果显示平均接近10倍的投资回报率，有些甚至可达到上百倍的投资回报率，其认为政府应该在发展经济过程中更加重视防灾减灾工作，加大投入力度。但亦有少数学者对这种估算出来的高额的减灾投资回报率持怀疑态度，认为在核算过程中夸大了防灾减灾的经济效益，主要是因为目前使用的核算指标和方法上的一些技术原因。对于这两种截然不同的观点，邓曦东认为主要有以下两方面的原因。一方面，现有的相关理论研究绝大多数是在防灾减灾工程实施之前的一种估算，主要是为工程决策服务，很多指标和数据都是经验数据或者期望值，而在核算时灾害发生的概率和受损程度都会直接影响损失大小，所以，评价结果难免会与实际情况有所出入；另一方面，是因为各自选取的指标不同，灾害损失或防灾投入核算的范围不同，这样直接导致了核算结果的不一致。第三，对于具体的评价方法和技术，在理论上大都是根据经济学有关理论而设计的，其合理性毋庸置疑，但在可操作性上存在不同程度的限制，如灾害发生概率的测算、人员伤亡价值损失的具体计算等。

第四节 防灾减灾的概念

防灾减灾是一项复杂的工作。从灾害管理的角度来看，防灾减灾是一项系统工程，其涉及的基本概念如下。

一、灾害监测

灾害监测主要针对自然灾害，是指测量与灾害有关的各种自然因素变化数据的工作。监测工作的直接目的是取得自然因素变化的资料，用来认识灾害的发生规律并进行预报。例如，监视地下岩石的运动和应力的变化可以预测地震。

自然灾害的监测方式主要有：卫星与航空遥感监测、地面台风监测、深部或地下孔点监测、水面和水下监测、政府部门与群众哨卡监测等。

二、灾害预报

灾害预报是指根据灾害的周期性、重复性、灾害间的相关性、致灾因素的演变和作用、灾害发展趋势、灾源的形成、灾害载体的运移规律，以及灾害前兆信息和经验类比，对灾害未来发生的可能性做出估计或判断。不同灾种有不同的预报模式。通常采取长期、中期、短期以至警报等渐进式预报，但不同灾类预报分期的时限不同。

三、防灾

防灾是在灾害发生前采取的避让性措施，这是最经济、最安全又十分有效的减灾措施。防灾的主要措施有：规划性防灾、工程性防灾、转移性防灾和非工程性防灾等。规划性防灾是指在进行设计规划和工程选址时尽量避开灾害的危险区。工程性防灾是指工程建设时，充分考虑灾害因子的影响程度进行设防，包括工程加固及避灾空地和避难工程、避灾通道等建设。转移性防灾是指在灾害预报和预警的前提下，在灾害发生之前把人、畜和可移动产转移至安全地方。非工程性防灾是指通过灾害与减灾知识教育、灾害与防灾立法、完善灾害组织等手段达到防灾目的。

四、抗灾

抗灾是指根据长期或中期预报,采取有必要的工程加固和备灾预案的适当行动,是人类面对自然灾害的挑战做出的反应,如抗洪、抗震、抗风、抗滑坡和泥石流等工程性措施,主要包括工程结构的抗灾与工程结构受灾的监测与加固。工程抗灾是防灾减灾总体工作的关键环节和重中之重。一般来说,无论灾害的预报预测是否准确,防灾的措施都必须体现在工程上。

五、救灾

救灾是灾害已经发生后采取的最紧迫的减灾措施。实际上是一场动员全社会、甚至国际社会力量对灾害进行的战斗,从指挥运筹到队伍组织,从抢救到医疗,从生活到公安,从物资供应到维护生命线工程,构成了一个严密的系统,需周密的计划、严密的组织。救灾的效率与减灾的效益直接关联,为了取得最佳的救灾效益,灾害危险区应根据灾害特点和发生发展的趋势,先制定好综合救灾预案,防患于未然。

六、灾后重建与恢复生产

灾后重建是指遭受毁灭性的灾害后,如地震、洪水、飓风等之后,在特殊情况下的建设。恢复生产是指在灾害发生后所进行的各种生产活动。这是减轻灾害损失,保证社会秩序稳定和人民生活正常的重要措施,是灾后重建中的重要环节。

第五节 防灾减灾的目标、原理及措施

一、防灾减灾的目标

我国是人口稠密的大国。从我国的基本国情出发,既无法像一些人口密度低的国家那样采取严厉限制向灾害高风险区发展的策略,又难以在短期内大幅度增加投资来降低灾害的风险度。所以,针对我国自然灾害的基本特点及保障社会、经济可持续发展的需要,加强防灾减灾工作的目标如下

所述。

（1）建立与社会、经济发展相适应的自然灾害综合防治体系，综合运用工程技术与法律、行政、经济、管理、教育等手段，提高减灾能力，为社会安定与经济可持续发展提供更可靠的安全保障。

（2）加强灾害科学的研究，提高对各种自然灾害孕育、发生、发展、演变及时空分布规律的认识，促进现代化技术在防灾体系建设中的应用，因地制宜实施减灾对策和协调灾害对发展的约束。

（3）在重大灾害发生的情况下，努力减轻自然灾害的损失，防止灾情的继续扩展，避免因不合理的开发行为导致的灾难性后果，保护有限而脆弱的生存条件，增强全社会承受自然灾害的能力。

二、防灾减灾的原理

灾害的形成离不开三个基本条件，即灾害源、灾害载体和承灾体。防灾减灾的基本原理就是改善形成灾害的基本条件，具体措施如下所述。

(一) 消除灾害源或降低灾害的强度

这一措施对减轻人为自然灾害的损失是有效的，如限制过量开采地下水，控制地面下沉和海水回灌；控制烟尘和二氧化碳的排放量，防止全球气温上升等。但是，面对自然变异所导致的自然灾害，特别是强度很大的自然灾害，如地震、海啸、飓风、暴雨等，现在人类还没有能力来减轻这些灾害源的强度，更不用说消除这些灾害的载体了。

(二) 改变灾害载体的能量和流通渠道

用人工放炮的方法减小雹灾；用分洪滞洪的方法减少洪水流量和流向以减轻洪灾等。但对巨型灾害，目前尚无根本改变的措施。

(三) 对受灾体采取避防和保护性措施

对于目前采取的主要措施，如对建筑工程进行抗震设计和防火设计，以减少地震和火灾造成的损失；对山体边坡进行加固，以减少滑坡发生等。但目前人类对于灾害发生的时间、强弱、损失大小不能准确预测，因此，难以采取非常有效的防护措施。

三、防灾减灾的措施

灾害对人类社会和经济发展构成了严重影响,它们是社会可持续发展的隐患。全面提高综合防灾减灾能力,应从战略高度,重视以下几个方面的问题。

(一)灾害监测

灾害监测是减灾工作的先导性措施。通过监测提供数据和信息,进而开展预测预报研究,或把监测数据直接传送到防灾减灾指挥中心作为决策指挥的依据。地质灾害监测的目的是了解和掌握灾害的发生与演变规律,适时捕捉地质灾害临近爆发成灾的特征信息,及时预报地质灾害的发生和发展趋势,从而减轻地质灾害损失。

地质灾害的监测内容包括成灾条件的监测、成灾过程的监测及地质灾害防治效益的反馈监测。地质灾害的时、空分布规律决定了监测工作必须在不同的空间尺度上分层次进行,同时根据地质灾害随时间演化的阶段性规律,应突出重点,进行全方位的立体监测。地质灾害的群发性和诱发性特征决定了监测工作的整体性和系统性。在不同的时间域内,监测网络的布置应有所不同。长期监测工作应立足于对灾害机理、成灾条件的掌握;中期监测工作的重点是制定灾害预防措施;短期监测工作则单纯服务于临灾预警;而反馈监测是为了评价地质灾害治理工程的效益和整个减灾系统工程的有效性等。

目前,灾害的监测方式多种多样,常用的有地面台网监测、地下钻孔深部监测、水面和水下监测、卫星与航空遥感监测等。地质灾害监测正向空间与地面结合、机动与固定结合的立体监测系统方向发展。通过建立统一的高技术监测系统,提高监测结果的精确性和预报的有效性。随着现代科学技术的发展,在地质灾害勘查、监测中,逐渐应用了在常规地球物理勘查技术基础上发展起来的一些新的技术方法,对加快勘查速度,提高监测精度起了很大作用。例如,在崩塌、滑坡勘查方面,音频大地电场法、高密度电法、岩石声波探测技术、浅层高分辨率反射波、人工地震法、孔内电视摄像、地质雷达、同位素检测等技术方法已得到广泛应用；在崩塌、滑坡监测中，逐渐采用了多种可遥测遥控自动记录的变形监测、岩体应力监测、锚索锚杆拉力监测、垂直孔内倾斜监测、水平孔内多点位移监测、岩石破裂声发射监测、红外线激光测距监测等一系列新的技术和方法。

(二) 灾害预报

灾害预报是减灾准备和各项减灾行动的科学依据。近几十年来，灾害科学研究在各类灾害预报方面取得了一定的成果和经验，但某些突发性地质灾害的预报成功率还很低。所以，应加强多部门多学科协作，积极探索地质灾害的综合预报方法，提高预报的准确性。

地质灾害预报既是地质灾害防治决策的重要基础，又是减轻地质灾害损失的组成部分。及时准确的地质灾害预报建立在对地质灾害成灾条件、致灾机理和分布规律深入研究基础之上。

地质灾害预报的基本方法是基于类比分析、因果分析及统计分析而进行的。

(1) 类比分析是根据先例事件做出的一种预报判断，它是对要预报的地质灾害与先前已发生的典型地质灾害进行比较的方法。其核心是有效类推，相似性必须得到严格保证。在地质灾害的类比分析预报中，常用模型试验的方法进行预报。

(2) 因果分析预报主要是基于逻辑判断，把地质灾害的过去、现在作为预报未来的一把钥匙。具体预报方法主要有灰色预报、交互作用预报、分支预报、分量分配预报、马尔科夫法等。

(3) 统计分析预报是通过一系列的数学方法，以地质灾害的过去和现在的数据资料进行分析，运用数理统计、运筹学、调和分析、极值分析、数学滤波、图像识别等方法，根据地质灾害的统计规律、周期性规律等进行定量的地质灾害预报。

人类活动的影响使地质灾害的发生、发展受到多层次、不同因素的联合作用，地质灾害模型的建立不仅要考虑地质因素，还要考虑人类活动和社会经济因素；其既包含空间信息，又包括时间动态变化。因此，地质灾害综合预报方法已成为当今灾害预报的最行之有效的方法。此外，系统论、非线性理论和耗散结构理论在地球科学中的应用使地质灾害预报方法的研究得到了更深入的发展。各种综合模型方法,如专家系统、多因素模式识别方法、数值模拟等方法在地质灾害预报中已被广泛应用,尤其是决策支持系统和地理信息系统及综合集成等方法的应用成为当前的研究热点。

目前,基于遥感技术、全球定位技术和计算机技术的实时监测预报系统已成为地质灾害监测预报的发展趋势。实时监测预报是集数据自动采集、处理、建模、预测预报与信息的短程、中程及远程传送于一体的集成技术与方法。

(三)灾害评估

灾害评估是抗灾救灾的重要依据,对减轻地质灾害损失具有重要的意义。但从总体来看,目前的灾害评估仍然是减灾对策中的一个薄弱的环节,如灾害调查统计、灾害损失预测的方法简单、手段落后,从而影响了灾害评估的准确性和适时性。

(四)灾害防治

地质灾害防治的根本目标是取得最佳的减灾效果。要实现这个目的,必须遵循预防为主、全面规划与重点防治相结合、地质灾害防治与社会经济活动相结合、防治工程最优化等原则。

1. 预防为主的原则

地质灾害是一种不可避免的自然地质现象,但随着人类科学技术及社会生产力的不断发展,人类对地质灾害的认识水平逐渐提高,这在一定程度上可以减少地质灾害风险、削弱地质灾害的活动强度、降低地质灾害损失。例如,通过人工改变斜坡形态、卸载、减少地表水入渗、加固斜坡等方法增强斜坡稳定性,降低崩塌、滑坡发生的概率。实践证明,有效地进行地质灾害预测预报,适时采取预防措施是防止地质灾害破坏、减少地质灾害损失的最有效途径。

2. 全面规划与重点防治相结合的原则

地质灾害分布范围广泛,且在同一个地区经常存在多种潜在的地质灾害。但在这些共生的灾害中,一般有主要灾害和次要灾害之分。同时,由于科学技术水平和经济实力的局限,不可能对所有地质灾害进行全方位的彻底防治。所以，要取得最佳的减灾效果，首先要做好防治规划，根据不同地区地质灾害发育情况和不同时期社会经济发展需要，分清主次，以主要灾种为重点防治目标，并提出具体的对策措施，从总体上指导地质灾害防治工作。一方面，加强区域环境保护与治理，改善地质环境，消除或减弱地质灾害发生的条件；另一方面，对可能遭受地质灾害威胁的城镇、交通干线等实施重点防治，使有限的资金投入发挥最大的减灾效果。

3. 地质灾害防治与社会经济活动相结合的原则

从根本上讲，地质灾害防治工作也是一项经济活动，需要大量的人力、物力和财力，它与其他社会经济活动具有不同程度的联系。因此，必须把地质灾害防治纳入国家和地区的社会经济发展规划，并同土地资源、水资源、矿产资源和生物资源的开发，以及城镇、厂矿和交通的建设结合起来。

4. 防治工程最优化原则

地质灾害防治工程一般需要比较巨大的投入，它既是一项综合性技术工作，又是一项复杂的经济活动。所以，地质灾害防治工程必须遵循经济规律，通过多种防治方案的比选，实现以最小的投入获取最大的效益，使地质灾害防治工程实现科学性、可操作性和最小风险与最佳效益的有机结合。

地质灾害的形成必须具备灾害体和承灾体，二者的结合决定了成灾程度。总体来看，地质灾害防治所采取的措施可分为工程性措施与非工程性措施：

（1）工程性措施。其为在建设规划和工程选址时要充分注意环境影响与灾害危害，尽可能避开潜在灾害的措施。工程性措施包括制定城市规划和工程建设抗灾规划、制定各种工程抗灾技术规范、对各类工程进行工程抗灾设防或加固及兴建防灾减灾工程等。营造绿色工程、加强水土保持，修坝筑堤及不稳定斜坡加固、洞室围岩支护等均属于防灾工程性措施。我国的城市规划和大型工程规划都有了相应的规章、规范，但由于人们的防灾减灾意识淡薄，有时未能按规范严格执行，从而出现了许多工业设施和建筑群修建在已有资料证明是地面下沉的危险区，某些新兴的城镇建在具有潜在滑坡危险的地区。

（2）非工程性措施。其为对遭受灾害威胁的人和其他受灾体实施预防性防护措施。非工程性措施是指以经济、行政、管理、科技、法律等手段开展防灾减灾工作。通过普及防灾知识、提高全民减灾意识来达到预防灾害、减轻灾害损失的目的。防灾还包括在各种工业流程中设置灾害发生时自控或人控减灾技术。这是避免和减轻次生灾害的主要措施，如电站电路的自动跳闸装置，可防止灾害发生后引起火灾。

(五) 抗灾和救灾

灾害抗御与灾害救助是减灾的一项重要措施，一般采取抢救和转移灾民及财产、抗灾指挥和协调、紧急救援、工程防守与紧急抢险等手段。

抗灾通常是指在灾害威胁下对固定资产所采取的工程性保护措施。抗灾的减灾效果是非常明显的。我国自古以来就积累了丰富的抗灾经验，修建了很多抗灾工程，如都江堰分洪工程、黄河大堤、全国多座水库及"三北"防护林、长江中上游防护林和太行山防护林等。这些抗灾工程在减轻灾害损失、保护生态环境、促进经济发展等方面均起到了重大作用，收到了巨大的效益。

据统计资料研究，在一般情况下，抗灾的工程投入，可取得十倍以上的减灾效益。救灾是指灾害已经发生和灾后的减灾措施。救灾是一项极为复杂的社会化半军事化的紧急行动，从医疗抢救、食品和衣物的供给、社会治安到组织指挥等各项行动构成一个完整的救灾体系。平时防灾，灾时救灾，要制定有针对性的救灾预案，建立健全灾害预警系统。在救灾中，要大力提倡自救、互救，加强救灾技术与设备的研究。灾害频发区应做好各项救灾物资的储备。

(六) 灾后安置和恢复

灾后安置与恢复，包括生产和社会生活的恢复，也是减轻地质灾害损失的重要措施之一。一次重大灾害发生之后，必将造成企业停产、建筑设施损毁、家庭结构破坏等，因此，尽快恢复生产、重建家园是减灾的重要措施。

经过短期的紧急抢救之后，减灾工作应及时转入各项恢复重建活动，使经济生产和社会生活逐渐趋于正常，不断增强自我复兴能力。灾后恢复工作中首要的是生命线工程的抢修与恢复，交通、通信、供电、供水、供气等生命线工程无论对日常生活还是社会生产都是至关重要的。在生命工程基本恢复后，要逐步恢复工业、农业生产。另外，灾后恢复还包括治安管理和社会组织的恢复。

(七) 灾害保险和灾害援助

保险与援助均属灾害保障的范畴。灾害保险分为灾害商业保险和灾害社会保险。前者由商业性保险公司开办，带有盈利目的；后者由政府组织，目的在于向保险对象提供基本生活保障，而不是为了盈利。国外灾害保险起步早，已进入比较成熟的阶段。我国的灾害保险还处于起步阶段，灾害投保率很低，具有很大的发展前景。

灾害援助包括灾害互助和灾害社会援助两类。灾害互助是指居民通过正式或非正式的互相合作与援助的方式相互提供保障，其特点是相互性、局部性和援助方式的多样性。灾害社会援助是指与受灾人无法定援助义务的国内外机构、团体或个人给予遭受灾害的居民各种形式的援助。灾害社会援助可细分为社会民众援助、国内政府援助和国际援助，其特点表现为捐助人的自愿性、援助的无偿性、援助来源的广泛性和方式的多样性。灾害援助物资一般通过政府部门和一些非官方慈善机构传到灾民手中。灾难援助主要用于三个方面：减少损失、灾后恢复和重建家园。

保险与援助是灾后恢复人民生活、企业生产和社会功能的重要经济保障之一。灾害保险是一种社会的金融商业行为，它以保户自储和灾时互助为准则，保户的自援行动是对国家援助的重要补充。目前，我国的灾险投保率尚不足，但它已在部分地质灾害的灾后恢复与重建过程中发挥了重要的作用。

(八) 宣传教育和减灾立法

减灾宣传教育是提高全民减灾意识和社会减灾能力的重要措施，国内外对灾害教育和多种灵活的普及宣传活动都十分重视。灾害立法是保障各项减灾措施、规范减灾行为、实施减灾管理的法律保障，同时也是提高减灾意识的一种社会舆论。目前我国已制定颁布了多项灾害种类的减灾法规。

防灾减灾的宣传是指由有关部门向全社会普及宣传有关灾害成因、灾前征兆、避险自救、防灾救灾措施的各种知识及减灾的方针、政策和法规。其作用在于提高全民族的防灾意识，使人们懂得灾害对人类生存条件的影响及人类行为与致灾的关系，提高民众对灾害谣言的识别能力和与灾害做斗争的主动性、积极性。减灾宣传教育的形式多种多样，包括各种新闻媒介的活动日主题宣传、咨询服务、课堂教育、专门培训教育等。

(九) 组织和指挥

制定国家和各级政府的减灾规划与减灾预案，协调全社会的减灾、救灾行为，建立政府的减灾指挥系统，建立减灾试验区，组织减灾队伍及防灾救灾训练、演习等。

第六节 我国的地质灾害防灾减灾形势

目前，我国地质灾害防灾减灾工作仍然面临严峻形势，主要表现在以下几方面。

一、我国特定的地质环境条件决定了地质灾害呈现长期高发态势

我国地质构造复杂、地形地貌起伏变化大，具有极易发生滑坡、崩塌、泥石流等地质灾害的物质条件。据气象、地震部门预测，21世纪前期，我国气候变化和地震均趋于活跃期，台风等极端气候事件增多，地震活动频繁，强降水过程和地震引发的滑坡、崩塌、泥石流、地面塌陷、地裂缝等将会加剧，未来5~10年的地质灾害将呈高发态势。

二、人为工程活动引发的地质灾害呈不断上升趋势

我国中、西部地区地质环境脆弱，大规模的基础设施建设对地质环境的影响仍然剧烈，劈山修路、切坡建房、造库蓄水等人为引发的滑坡、崩塌、泥石流地质灾害仍将保持增长趋势。我国东部地区随着城市化进程的加快，现代都市圈逐渐形成，水资源供需矛盾加剧，过量开采地下水和油气，造成的地面沉降和地裂缝灾害仍将呈上升趋势。全国各地采矿积淀的环境问

题，形成了许多地质灾害隐患，采矿活动引发的地面塌陷、地裂缝灾害在矿区和矿业城市普遍存在。

近年来，随着人类经济活动的增强，地质灾害有加剧的趋势。人类活动影响可能进一步导致孕灾环境的变化。西部大开发给我国西部山地丘陵地区社会经济的发展提供了千载难逢的历史机遇；但随着城市化的加速推进，基础设施建设的持续展开，人为破坏地质环境后，加剧了降雨引发地质灾害的可能性、严重性。

三、我国地质灾害点多面广，许多灾害亟待治理

我国已发现的近24万处地质灾害隐患点分布在三峡水库工程、南水北调工程、西电东送工程、西气东输工程、山区铁路干线、"五纵七横"国家公路主干线工程区和400多个城镇、100余个大型工厂、几百座大型矿山和数千个村庄内，严重威胁当地人民群众的生命财产安全，威胁国家重大工程的安全。需要治理的滑坡、泥石流达2.8万处，其中特大型地质灾害隐患点1800多个，防治任务十分繁重。地质灾害具有伴生性、隐蔽性、突发性和破坏性，社会影响大，防范难度大。

四、地质灾害防治工作任重道远，还有很多问题亟待解决

通过多年努力，我国地质灾害防治工作取得了很大进展，但仍远不能满足经济建设和社会发展对减灾防灾的需求，还有很多亟待解决的问题。

（1）地质灾害防治工作仍然缺乏全面系统的基础调查资料，尤其缺少高精度的地质灾害调查资料，调查数据得不到及时更新。

（2）地质灾害监测体系薄弱，绝大部分地区仍主要局限于较低水平的群测群防，尚不能做到预警及时、快速反应、转移快捷、避险有效。

（3）许多重大地质灾害隐患点亟待采取工程措施进行治理。

（4）我国地质灾害防治的经济基础薄弱，长期以来经费投入不足，技术水平偏低。

（5）社会公众防灾减灾知识有待普及，意识有待提高。

（6）地质灾害防治工作管理队伍人员数量、质量远不能满足实际需求。

五、全球气候变化背景下的局地突发性强降水使得地质灾害发生概率不断加大

工业革命以来的人类活动，尤其是发达国家在工业化过程中大量消耗能源资源，导致大气中温室气体浓度增加，以及引起近50年来全球气候显著变暖，这不仅对全球自然生态系统产生了明显影响，还对人类的生存和社会发展带来了严峻挑战。全球气候变化的背景，致使我国极端天气气候事件发生的频率、强度和区域分布变得更加复杂与难以把握。

突发性强降水是引发地质灾害的直接因素和激发条件，并且其大多在中小尺度天气系统里生成，全球气候变暖可能带来的暴雨不确定性因素加大，相应地质灾害发生的概率加大，所造成地质灾害可能更为严重。

第二章 地质灾害应急管理

第一节 地质灾害基础

一、地质灾害概念

地质灾害是指在自然或者人为因素的作用下形成的，对人类生命财产造成损失、对环境造成破坏的地质作用或事件。如崩塌、滑坡、泥石流、地裂缝、地面沉降、地面塌陷、岩爆、坑道突水、突泥、突瓦斯、煤层自燃、黄土湿陷、岩土膨胀、砂土液化、土地冻融、水土流失、土地沙漠化及沼泽化、土壤盐碱化，以及地震、火山、地热害等。

根据我国自 2004 年 3 月 1 日实施的《地质灾害防治条例》(国务院第 394 号令)，狭义的地质灾害是指包括自然因素或者人为活动引发的危害人民生命和财产安全的山体崩塌、滑坡、泥石流、地面塌陷、地裂缝、地面沉降等与地质作用有关的灾害。其中，需要注意的是，只有对人类生命财产和生存环境产生影响或破坏的地质事件才是地质灾害。如果某种地质过程仅仅使地质环境恶化，并没有破坏人类生命财产或影响生产、生活环境，只能被称之为灾变。例如，发生在荒野无人区的崩塌、滑坡、泥石流等，仅仅改变了地质环境，没有对人类的生命财产安全造成影响或破坏，故这类地质事件属于灾变；如果上述地质事件发生在人类活动区域、并造成不同程度的人员伤亡和财产损失，则可称之为灾害。地质灾害在时间和空间上的分布变化规律，既受制于自然环境，又与人类活动有关，往往是人类与自然界相互作用的结果。

地质灾害既是一种自然现象，又对人类社会的生产和生活造成严重的影响。因此它既具有自然属性，又具有社会经济属性，且二者是一个统一的整体。李铁峰、潘懋、张梁等对地质灾害的属性特征进行了较为系统的总结，有如下 10 点：

(1) 地质灾害具有必然性与可防御性。
(2) 地质灾害具有随机性和周期性。
(3) 地质灾害具有突发性和渐进性。
(4) 地质灾害具有群体性和诱发性。
(5) 地质灾害具有成因多元性与原地复发性。
(6) 地质灾害具有区域性。
(7) 地质灾害具有破坏性与建设性。
(8) 地质灾害的影响具有复杂性与严重性。
(9) 人为地质灾害具有日趋显著性。
(10) 地质灾害的防治具有社会性和迫切性。

二、我国地质灾害概况

我国大约有29万处地质灾害隐患，分布于我国国土面积近75%的山区。在我国广大山区，有12000多座城镇、村庄，约3500万人口受到地质灾害的威胁；每年平均约600人死于地质灾害，近20万人受灾；直接经济损失达到数十至上百亿元。

以2018年为例，全国共发生地质灾害2966起，其中滑坡1631起、崩塌858起、泥石流339起、地面塌陷122起、地裂缝9起和地面沉降7起，分别占地质灾害总数的55.0%、28.9%、11.4%、4.1%、0.3%和0.2%，共造成105人死亡、7人失踪、73人受伤，直接经济损失14.7亿元（图2-1）。与2017年同期相比，地质灾害发生数量、造成死亡失踪人数和造成直接经济损失分别减少60.6%、68.4%和59.1%。全国2966起地质灾害中，自然因素引发的有2738起，占总数的92.3%；人为因素引发的有228起，占总数的7.7%。自然因素主要为降雨等；人为因素主要为采矿和切坡等。

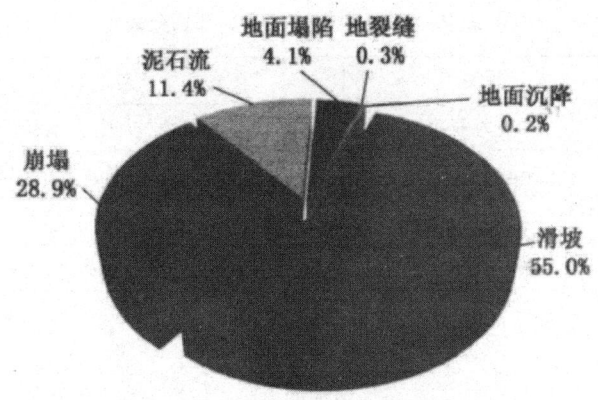

图 2-1 2018 年地质灾害类型构成

根据《地质灾害防治条例》第 4 条对地质灾害灾情分级的规定，其中特大型地质灾害有 21 起，造成 1 人死亡，直接经济损失 2.6 亿元；大型地质灾害有 36 起，造成 1 人受伤，直接经济损失 2.3 亿元；中型地质灾害有 259 起，造成 53 人死亡、5 人失踪、18 人受伤，直接经济损失 5.8 亿元；小型地质灾害有 2650 起，造成 51 人死亡、2 人失踪、54 人受伤，直接经济损失 4.0 亿元。

三、地质灾害的分类和分布

(一) 地质灾害的分类

地质灾害的分类是一个重要基本理论问题，应具有实用性、层次性、关联性等特征。按照不同的原则，地质灾害有多种分类方案。

1. 按空间分布状态分类

地质灾害可分为陆地地质灾害和海洋地质灾害 2 个系统。陆地地质灾害又分为地面地质灾害和地下地质灾害；海洋地质灾害又分为海底地质灾害和水体地质灾害。

2. 按成因分类

地质灾害可分为自然动力型、人为动力型及复合动力型（表 2-1）。

表2-1 地质灾害成因类型划分表

类型	亚类	灾害举例
自然动力型	内动力亚类	地震、火山、地裂缝等
	外动力亚类	泥石流、滑坡、崩塌、岩溶塌陷、荒漠化等
	内外动力复合亚类	泥石流、滑坡、地面沉降等
人为动力型	道路工程亚类	滑坡、崩塌、荒漠化、黄土湿陷等
	水利水电工程亚类	泥石流、滑坡、崩塌、岩溶塌陷、地面沉降、地震等
	矿山工程亚类	地面塌陷、坑道突水、泥石流、地震、瓦斯爆炸等
	城镇建设亚类	地面沉降、地裂缝、地下水变异等
	农林牧活动亚类	水土流失、荒漠化、洪涝灾害等
	海岸港口工程亚类	海底滑坡、岸边侵蚀、海水入侵等
	核电工程亚类	地面沉降、滑坡、地裂缝等
复合动力型	内外动力复合亚类	泥石流、滑坡、崩塌等
	内动力、人为复合亚类	岩爆、瓦斯爆炸、地裂缝、地面沉降等
	外动力、人为复合亚类	泥石流、滑坡、崩塌、水土流失、荒漠化等

3. 按发生特征分类

地质灾害可分为突发型与缓变型2大类。突然发生的、并在较短时间内完成灾害活动过程的地质灾害为突变型地质灾害；发生、发展过程缓慢，随时间延续累进发展的地质灾害为缓变型地质灾害。突变型地质灾害包括地震灾害、火山灾害、崩塌灾害、滑坡灾害、泥石流灾害、地面塌陷灾害、地裂缝灾害、矿井突水灾害、冲击地压灾害、瓦斯突出灾害、围岩岩爆及大变形灾害、河岸坍塌灾害、管涌灾害、河堤溃决灾害、海啸灾害、风暴潮灾害、海面异常升降灾害、黄土湿陷灾害、砂土液化灾害共19个灾种；缓变型地质灾害包括地面沉降灾害、煤层自燃灾害、矿井热害、河湖港口淤积灾害、水质恶化灾害、海水入侵灾害、海岸侵蚀灾害、海岸淤进灾害、软土触变灾害、膨胀土胀缩灾害、冻土冻融灾害、土地沙漠化灾害、土地盐渍化灾害、土地沼泽化灾害、水土流失灾害共15个灾种。

第二章 地质灾害应急管理

4. 按发生顺序分类

许多自然灾害发生之后,常常会诱发一连串的次生灾害,这种现象就称为灾害的链发性或灾害链。根据此定义,还可以把地质灾害分为原生灾害和次生灾害两大类。

5. 按行业标准分类

常见的划分方法有国土资源部地质环境管理司(1998)和中华人民共和国国土资源行业标准(2000)两种划分标准。

(1)依据国土资源部地质环境管理司(1998)划分方案,地质灾害可划分为12大类常见地质灾害(表2-2)。

(2)中华人民共和国国土资源行业标准(2000)将地质灾害划分为地球内动力活动灾害类、斜坡岩土体运动(变形破坏)灾害类、地面变形破裂灾害类、矿山与地下工程灾害类、河湖水库灾害类、海洋及海岸带灾害类、特殊岩土灾害类、土地退化灾害类共8类地质灾害(表2-3)。

表2-2 常见十二大类地质灾害表[国土资源部地质环境管理司(1998)]

类别	具体名称
地壳活动灾害	地震、火山喷发、断层错动等
斜坡岩土体运动灾害	崩塌、滑坡、泥石流等
地面变形灾害	地面沉降、地面塌陷、地裂缝等
矿山与地下工程灾害	煤层自燃、洞井塌方、冒顶、偏帮、鼓底、岩爆、高温、突水、瓦斯爆炸等
城市地质灾害	建筑地基与基坑变形、垃圾堆积等
河、湖、水库地质灾害	塌岸、淤积、渗漏、浸没、溃决等
海岸带灾害	海平面升降、海水入侵、海岸侵蚀、海港淤积、风暴潮等
海洋地质灾害	水下滑坡、潮流沙坝、浅层气害等
特殊岩土灾害	黄土湿陷、膨胀土胀缩、冻土冻融、沙土液化、淤泥触变等
土地退化灾害	水土流失、土地沙漠化、盐碱化、潜育化、沼泽化等
水土污染与地球化学异常灾害	地下水污染、农田土地污染、地方病等
水源枯竭灾害	河水漏失、泉水干涸、地下水层疏干等

表2-3 地质灾害分类体系表 [中华人民共和国国土资源行业标准（2000）]

灾类	灾型	灾种
地球内动力活动灾害类	突变型	地震灾害（原生灾害、次生灾害）、火山灾害
	缓变型	
斜坡岩土体运动（变形破坏）灾害类	突变型	崩塌灾害（危岩、高边坡）、滑坡灾害（土体滑坡、岩体滑坡）、泥石流灾害（泥流、泥石流、水石流）
	缓变型	
地面变形破裂灾害类	突变型	地面塌陷灾害（岩溶塌陷、采空塌陷）、地裂缝灾害（构造地裂缝、非构造地裂缝）
	缓变型	地面沉降灾害
矿山与地下工程灾害类	突变型	矿井突水灾害、冲击地压灾害、瓦斯突出灾害、围岩岩爆及大变形灾害
	缓变型	煤层自燃灾害、矿井热害
河湖水库灾害类	突变型	河岸坍塌灾害、管涌灾害、河堤溃决灾害
	缓变型	河湖港口淤积灾害、水质恶化灾害
海洋及海岸带灾害类	突变型	海啸灾害、风暴潮灾害、海面异常升降灾害
	缓变型	海入水侵灾害、海岸侵蚀灾害、海岸淤进灾害
特殊岩土灾害类	突变型	黄土湿陷灾害、砂土液化灾害
	缓变型	软土触变灾害、膨胀土胀缩灾害、冻土冻融灾害
土地退化灾害类	突变型	
	缓变型	土地沙漠化灾害、土地盐渍化灾害、土地沼泽化灾害、水土流失灾害

（二）地质灾害的分布

由于中国地域辽阔，经度和纬度跨度大，自然地理条件复杂，构造运动强烈，自然地质灾害种类繁多，灾情十分严重。同时，中国又是一个发展中国家，经济发展对资源开发的依赖程度相对较高，大规模的资源开发和工程建设以及对地质环境保护重视不够，人为地诱发了很多地质灾害，使我国成为世界上地质灾害最为严重的国家之一。

地质灾害是在地球各圈层的发展演化过程中由各种地质作用形成的灾害性事件。地质环境是地质灾害形成与发展的基础和条件。地质灾害的空间分布及其危害程度与地形地貌、地质构造格局、新构造运动的强度与方式、岩土体工程地质类型、水文地质条件、气象水文及植被条件、人类工程活动的类型等有着极为密切的关系。受上述因素制约，我国地质灾害的区域分布具有东西分区、南北分带的特征，如华北、东北、西北诸省，荒漠化作用强烈；西南山区降雨多而集中，崩塌、滑坡、泥石流灾害频繁发生；东部平原区地面沉降、地裂缝广泛发育；沿海诸省，海水入浸、海岸侵蚀等强烈发育。

根据地质灾害宏观类别，结合地质、地理、气候及人类活动等环境因素，可将中国划分为4大地质灾害区域：

1. 平原、丘陵地面沉降与塌陷地质灾害大区

位于山海关以南，太行山、武当山、大娄山一线以东，包括中国东部和东南部的广大地区。

该区地处华北断块东南部、华南断块、台湾断块的上体部位；位于第三级地势阶梯，是我国最低一级阶梯，以平原、丘陵地貌类型为主；本区南部属热带和亚热带气候区，温暖湿润，中北部地区以温带为主，气候温凉、半湿润至半干旱，降水充沛至较充沛；平原地区发育较厚的第四纪冲积、洪积、湖积、海积松散堆积层，丘陵山区分布有古生代、中生代碳酸盐岩、碎屑岩和岩浆岩；新构造活动比较强烈，发育有著名的郯城——庐江深大断裂，以及南海、黄海北东向地震构造带，除台湾、福建沿海及华北地区地震活动强烈至较强烈外，其他地区较弱；区内矿产资源较丰富，采矿业发达，大中城市分布密集，人口稠密，沿海开放城市工业发达、人类工程活动规模大、强度高，诱发了严重的城市地面沉降、矿山地面塌陷、岩溶塌陷、水库地震、土地荒漠化以及港口、水库、河道等淤积灾害，丘陵山区人为活动诱发的滑坡、崩塌、泥石流灾害较发育。总之，该区是以人类工程活动为主形成的地质灾害组合类型大区。

2. 山地斜坡变形破坏地质灾害大区

包括长白山南段、阴山东段、长城以南、阿尼玛卿山、横断山北段一线以东，雅鲁藏布江以南的广大地区，属中国中部地区及青藏高原南部、东北

部分地区。

　　该区地处青藏断块、华南断块与华北断块的结合部位，位于第二级地势阶梯，以山地和高原为主要地貌类型，海拔1000~2000m，地形切割强烈，相对高差大。气候上跨越东部季风区、西北部干旱半干旱区；西南地区降水较丰沛，年均降水量800~1200mm，西北黄土高原年均降水量300~700mm，降水时空分配不均，集中在7-9月，降雨强度大，多以暴雨形式出现；分布地层主要为不同时代的各类坚硬、半坚硬岩类和松散土状堆积；该区新构造运动强烈，活动断裂发育，如鲜水河、小江、安宁河、龙门山、六盘山等活动性深大断裂密布，构成中国南北向活动构造带，区内地震活跃，张度大、频度高、仅20世纪发生的7级以上强震就达23次之多，地震灾害严重；区内矿产、水力、森林、土地等资源丰富，是我国新兴工业区，人口密度较大，资源开发和农牧等经济活动活跃，由于不合理开发利用山地斜坡、森林植被等资源，地质环境日趋恶化，导致泥石流、滑坡、崩塌、水土流失等山地地质灾害频繁发生，灾害损失十分严重。在本区内，由内动力和外动力地质作用引起的突发性地质灾害最为发育，以自然动力和人类活动相互叠加而形成的山地地质灾害广泛分布。

　　3.内陆高原、盆地干旱、半干旱风沙地质灾害大区

　　地处秦岭——昆仑山——线以北，在大地构造上属于新疆断块并横跨华北断块及东北断块区，位于第二阶梯部位，由高原、沙漠、戈壁及高大山系、盆地、平原等地貌类型组成，南部山系一般海拔1000~3000m，东部平原、盆地一般海拔500m以下气候属内陆干旱、半干旱至温带气候，降水稀少，年均降水量差异较大，一般在50~800mm。在本区的西部，活动性断裂发育，地震活动强烈；其余地区地震活动相对较弱。内陆高原、荒漠地区气候恶劣，风力吹扬作用强烈，沙质荒漠化灾害日趋严重，河套平原等地区土地盐碱化较发育；新疆、宁夏、内蒙等地的煤田自然灾害比较严重；天山、昆仑山山地则主要发育雪崩、滑坡、崩塌等地质灾害。总之，中国北部地区是以自然地质营力为主并叠加人为地质作用所形成的复合型地质灾害大区。

　　4.青藏高原及大、小兴安岭北段地区冻融地质灾害大区

　　位于青藏高原中北部及大、小兴安岭北段地区，大地构造上属于青藏断块和东北断块区。青藏高原位于第一级地势阶梯上，平均海拔5000m以

上，属于我国的高海拔冻土区；东北大兴安岭、小兴安岭北段处于欧亚大陆高纬度冻土带的南缘，是我国的高纬度多年冻土地区，在青藏高原和大、小兴安岭地区广泛发育有连续多年冻土和岛状多年冻土，岛状冻土区由于气候季节变化和日温差变化，冰丘冻胀、融沉、融冻泥流、冰湖溃决泥流等地质灾害较为发育。

青藏高原地壳抬升强烈，为印度洋板块和欧亚板块之间的碰撞接合带，活动性深大断裂发育，地震活动强烈，20世纪以来共发生7级以上强烈地震达10次之多。

总之，本区主要是由自然地质营力形成的以冻融、地震灾害为主的地质灾害大区。

四、地质灾害的危害性

我国是世界上地质灾害最为严重的国家之一，崩塌、滑坡、泥石流、地面塌陷、地面沉降、地裂缝等过程发育明显，发生的潜在危险性很高。近年来，随着我国国民经济的快速发展，各种资源开发和工程建设活动的力度普遍增大，给我国本就十分脆弱的地质环境带来了巨大压力，由各种不合理人类工程活动诱发的地质灾害数量呈现明显的增长趋势。各类地质灾害平均每年造成1000多人死亡，经济损失上百亿元。地质灾害已成为造成我国人员伤亡的主要灾害之一。地质灾害的主要危害有以下5个方面：

1. 影响城镇安全

据统计，全国县级以上城镇遭受泥石流威胁和危害的有141个，其中省会城市或直辖市6个、地级城市19个。长江三峡大坝以上沿江城镇在水库蓄水增加、水位上升后的形势尤为严峻，有的城镇建在滑坡体上，不得不整体搬迁，有的几移其址仍不够安全。华北平原和长江三角洲是我国地面沉降严重的地区，如天津市累计沉降量超过1000mm的面积已达4080.48km²，自1959年至1998年，市区及塘沽区沉降中心最大累计沉降量分别为2.814m和3.091m。上海市自1921年发生地面沉降以来至今沉降面积达1000km²，沉降中心最大沉降量达2.6m。根据对上海40多年沉降历史的研究，地面沉降造成的经济损失已达千亿元。地面塌陷造成大量房屋毁坏的事件也已发生多起，如安徽省淮南市的大通镇、九龙岗镇和淮北市的烈山镇。陕西省的西安、咸阳和山西省的大同、榆次、运城等城市因地裂缝给城市经济带来的损失也相当惊人。

2. 影响交通安全

铁路、公路等交通线路在经过山区穿越沟谷与河流时，容易受到崩塌、滑坡和泥石流等山地灾害的威胁，川藏公路就经常由于山地灾害而中断交通。气候变暖使青藏高原的冻土变薄，也将影响到公路的安全。地震更易使铁轨弯曲变形，桥梁坍塌。铁路和公路在西南岩溶山区也经常发生地面塌陷事故。

3. 对水利工程的危害

地质灾害可将大量泥沙输入水库，影响水库的蓄水功能和水质，还使水库的库容缩小，使用寿命缩短。大型的滑坡或泥石流还经常损毁小型的水利设施和水电站。

4. 威胁村庄房屋和村民人身安全

位于滑坡体上缘和下缘以及位于泥石流沟口的村庄、房屋在发生滑坡或泥石流时会遭到毁灭性的破坏，我国每年都发生多起因山地灾害造成的伤亡事故。仅北京市的山区在1867年到1949年期间就因崩塌和泥石流冲毁和掩埋53个自然村，自1949年以来泥石流已造成数百人死亡，其中规模最大的一次死亡100余人。2010年6月28日，贵州省安顺市关岭县岗乌镇大寨村因连续强降雨引发山体滑坡，导致38户107人被掩埋。

5. 对社会经济发展的影响

地质灾害多发区经济发展往往因灾而严重滞后，居民收入水平低，政府财政收入不足。尤其是地震和山地灾害对人民生命财产和基础设施的威胁极大，严重影响社会的稳定。地质不稳定地区还要投入大量的经费与物资进行防治，有些难于防治的地区还不得不采取移民搬迁的做法，给移民迁出地和迁入地都带来许多复杂的社会问题与后遗症。

五、典型地质灾害及其防治

(一) 斜坡地质灾害

斜坡地质灾害主要类型有斜坡失稳（崩塌、滑塌、滑坡等）、沉积物流动

（泥流、泥石流、蠕动、泥浆流、碎屑流、土溜等）、寒冷地区块体坡移动（冻胀蠕流、石冰川等）和水下块体坡移（滑塌、滑移、流动）等（表2-4）。其中崩塌、滑坡和泥石流是主要的斜坡地质灾害类型，在我国分布广泛。

表2-4　斜坡地质灾害类型划分

斜坡失稳	沉积物流动	寒冷地区块体坡移	水下块体坡移
崩塌	泥浆流	冻胀蠕流	滑塌
岩石崩塌	泥流	冻融泥流	滑移
碎屑崩塌	碎屑流	石冰川	流动
滑塌	泥石流		
滑移（滑坡）	粒状流		
土体滑移	蠕动		
岩体滑移	土溜		
碎屑滑移	颗粒流		
	碎屑崩塌		

1. 崩塌

崩塌是指在陡坡地段，斜坡上部的岩体受陡倾裂隙切割，在重力作用下，突然以高速脱离母岩，翻滚、坠落的急剧变形破坏现象（图2-2）。多发生在60°～70°的斜坡上。崩塌的物质，称为崩塌体。崩塌体为土质者，称为土崩；崩塌体为岩质者，称为岩崩；大规模的岩崩，称为山崩。

崩塌的诱发因素。在形成崩塌的基本条件具备后，诱发因素就显得重要了。诱发因素作用的时间和强度都与崩塌有关。能够诱发崩塌的外界因素很多，基本上分为自然因素和人为因素2类。

图2-2　崩塌

（1）地震。地震引起坡体晃动，破坏坡体平衡，从而诱发坡体崩塌，一般烈度大于7度的地震都会诱发大量崩塌。

（2）融雪、降雨。特别是大暴雨，暴雨和长时间的连续降雨，使地表水渗入坡体，软化岩土及其中软弱面，产生孔隙水压力等从而诱发崩塌。这是出现崩塌最多的时间。

（3）地表冲刷、浸泡。河流等地表水体不断地冲刷边脚，也能诱发崩塌。

（4）采掘矿产资源。中国在采掘矿产资源活动中出现崩塌的例子很多，有露天采矿场边坡崩塌，也有地下采矿形成采空区引发地表崩塌。较常见的，如煤矿、铁矿、磷矿、石膏矿、黏土矿等。

（5）道路工程开挖边坡。修筑铁路、公路时，开挖边坡切割了外倾的或缓倾的软弱地层，大爆破时对边坡强烈震动，有时削坡过陡都可能引起崩塌。较多的崩塌发生在施工之后一段时间里。

（6）水库蓄水与渠道渗漏。这里主要是水的浸润和软化作用，以及水在岩（土）体中的静水压力、动水压力可能导致崩塌发生，尤其是在水库蓄水初期及河流洪峰期。水库蓄水初期或库水位的第一个高峰期，库岸岩、土体首次浸没（软化），上部岩土体容易失稳，在退水后产生崩塌的概率最大。

（7）堆（弃）渣填土。加载、不适当的堆渣、弃渣、填土，如果处于可能产生崩塌的地段，等于给可能的崩塌体增加了荷载，从而破坏了坡体稳定，可能诱发坡体崩塌。

（8）强烈的机械振动。如火车、机车行进中的震动、工厂锻轧机械震动，均可产生诱发作用。

其他因素如冻胀、昼夜温度变化等也会诱发崩塌。

崩塌的防治措施。崩塌的防治原则：一般多采用以防为主的原则，在选线时，应注意斜坡的具体条件。

对于有可能发生大、中型崩塌的地段，有条件避绕时，宜优先选择避绕方案，只有小型崩塌，才能防止其不发生。

崩塌的防治措施和方法大多与滑波的防治相同，主要有：

（1）支撑。指对悬于上方、易拉断坠落的悬臂状或拱桥状危岩采用墩、柱、墙或其组合形式支撑加固，达到治理目的。

（2）填充。填充软弱夹层风化形成的岩腔以防止其进一步风化和起到支撑作用。

（3）锚固。在裂隙较为密集的卸荷裂隙区和危岩区，在清除部分危岩体的基础上，用锚杆加挂网喷护锚固危岩体，以减缓卸荷裂隙的产生和卸荷裂隙区的扩展，并加固已经形成的危岩体。

（4）护坡、削坡。对于破碎岩体坡面常用喷射混凝土加固，削坡减载是指对危岩体上部削坡，减轻上部荷载，增加危岩体的稳定性。削坡减载的费用比锚固和灌浆的费用小得多，但有时会对斜坡下方的建筑物造成一定损害，同时也破坏了自然景观。

（5）清除。对于规模小、危险程度高的危岩体通常采用爆破或人工进行清除，彻底消除崩塌隐患，防止灾害发生。

（6）遮挡。明洞或棚洞防治，一方面可遮挡崩落的块石，一方面又可加固边坡下部而起稳定和支撑作用，一般适用于中、小型崩塌。

（7）拦截。在危岩带下方的斜坡大致沿等高线修建拦石墙，以拦截上方危岩掉块落石，拦石墙可以是刚性的，也可以是柔性的。

（8）线路绕避。对于可能发生大规模崩塌的地段，即使采用坚固的建筑物，也经受不了大型崩塌的破坏，铁路或公路等必须设法绕避。根据当地的具体情况，或绕到河谷对岸、远离崩塌体，或移至稳定山体内以隧道通过。

2. 滑坡

滑坡是指斜坡上的土体或者岩体，受河流冲刷、地下水活动、雨水浸泡、地震及人工切坡等因素影响，在重力作用下，沿着一定的软弱面或者软弱带，整体地或者分散地顺坡向下滑动的自然现象。运动的岩（土）体称为变位体或滑移体，未移动的下伏岩（土）体称为滑床（图2-3）。

滑坡的诱发因素：

（1）强度因素。滑坡的活动强度，主要与滑坡的规模、滑移速度、滑移距离及其蓄积的位能和产生的功能有关。一般讲，滑坡体的位置越高、体积越大、移动速度越快、移动距离越远，则滑坡的活动强度也就越高，危害程度也就越大。具体讲来，影响滑坡活动强度的因素有：①地形：坡度、高差越大，滑坡位能越大，所形成滑坡的滑速越高。斜坡前方地形的开阔程度对滑移距离的大小有很大影响。地形越开阔，则滑移距离越大。②岩性：组成滑坡体的岩、土的力学强度越高、越完整，则滑坡往往就越少。构成滑滑面的岩、土性质，直接影响着滑速的高低，一般讲，滑坡面的力学强度越低，滑坡体的滑速也就越高。③地质构造：切割、分离坡体的地质构造越发育，形成滑坡的规模往往也就越大、越多。

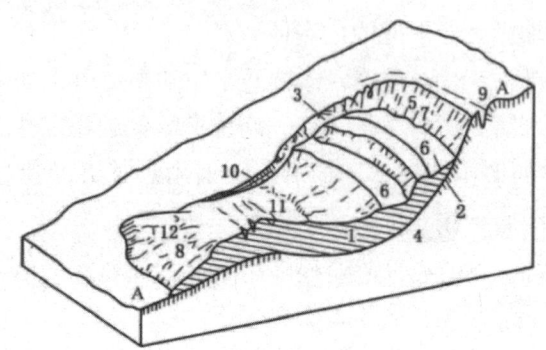

1-滑坡体；2-滑动面；3-滑坡周界；4-滑坡床；5-滑坡壁；6-滑坡台阶；7-滑坡封闭洼地；8-滑坡舌；9-拉张裂隙；10-剪切裂隙；11-鼓张裂隙；12-扇形裂隙

图2-3 滑坡组成要素示意图

诱发滑坡活动的外界因素越强，滑坡的活动强度则越大。如强烈地震、特大暴雨所诱发的滑坡多为大的高速滑坡。

(2) 人为因素。违反自然规律、破坏斜坡稳定条件的人类活动都会诱发滑坡。例如：①开挖坡脚：修建铁路、公路、依山建房、建厂等工程，常常因使坡体下部失去支撑而发生下滑。例如我国西南、西北的一些铁路、公路、因修建时大力爆破、强行开挖，事后陆陆续续地在边坡上发生了滑坡，给道路施工、运营带来危害。②蓄水、排水：水渠和水池的漫溢和渗漏，工业生产用水和废水的排放、农业灌溉等，均易使水流渗入坡体，加大孔隙水压力，软化岩、土体，增大坡体容重，从而促使或诱发滑坡的发生。水库的水位上下急剧变动，加大了坡体的动水压力，也可使斜坡和岸坡支撑不了过大的重量，失去平衡而沿软弱面下滑。尤其是厂矿废渣的不合理堆弃，常常触发滑坡。

此外，劈山开矿的爆破作用，可使斜坡的岩、土体受振动而破碎产生滑坡；在山坡上乱砍滥伐，使坡体失去保护，加速雨水等水体入渗从而诱发滑坡等等。如果上述的人类活动与不利的自然作用互相结合，就更容易诱发滑坡。

随着经济的发展，人类越来越多的工程活动破坏了自然坡体，因而滑坡的发生越来越频繁，并有愈演愈烈的趋势，应对此加以重视。

滑坡的防治措施：滑坡的防治要贯彻"及早发现，预防为主；查明情况，综合治理；力求根治，不留后患"的原则，结合边坡失稳的因素和滑坡形成的内外部条件进行防治。

（1）预防措施：处理滑坡应以预防为主，因此在建设项目选择场址时，应查明是否有滑坡存在，对场址作出稳定性评价，应尽量避开对场址有直接危害的大、中型滑坡。对于已有的城镇或交通线路，则应通过预测滑坡可能带来的灾害程度，通过费用权衡后，来决定是进行城镇搬迁、线路改道，还是采用防滑工程。

（2）排水：地表排水主要是设置截水沟和排水明沟系统。截水沟是用来截排来自滑坡体外的坡面径流；排水明沟在滑坡体上设置，以引导水排向滑坡体外。

（3）支挡：在滑坡体下部修筑挡土、抗滑桩或用锚杆加固等工程以增加滑坡下部的抗滑力。

（4）刷方减重：削减坡角或降低坡高，以减轻斜坡不稳定部位的重量。

（5）改善滑动面（带）的岩土性质：对岩质滑坡采用固结灌浆；对土质滑坡采用电化学加固、冻结、焙烧等。

此外，还可针对某些影响滑坡滑动的因素进行整治，如降低地下水位、防止岩石风化等措施。

3. 泥石流

泥石流是指在山区或者其他深沟险壑，地形险峻的地区，因为暴雨、暴雪或其他自然灾害引发的山体滑坡并携带大量泥沙以及石块的特殊洪流（图2-4）。泥石流具有突然性、流速快、流量大、物质容量大和破坏力强等特点。泥石流常常会冲毁公路、铁路等交通设施甚至村镇等，造成巨大损失。

泥石流的诱发因素：由于工农业生产的发展，人类对自然资源的开发程度和规模也在不断发展。当人类经济活动违反自然规律时，必然遭受大自然的报复，有些泥石流的发生，就是人类不合理的开发造成的。工业化以来，人为因素诱发的泥石流数量正在不断增加。诱发泥石流的因素主要有5个方面。

（1）自然原因。岩石的风化是自然状态下既有的，在这个风化过程中，既有氧气、二氧化碳等物质对岩石的分解，也有因为降水中吸收了空气中的酸性物质而产生的对岩石的分解，也有地表植被分泌的物质对土壤下的岩石层的分解，还有霜冻对土壤的冻融造成的土壤松动。这些原因都能造成土壤层的增厚和松动。

（2）不合理开挖。有些泥石流就是在修建公路、水渠、铁路以及其他工程建筑时，破坏了山坡表面而形成的。又如香港多年来修建了许多大型工程和地面建筑，几乎每个工程都要劈山填海或填方，才能获得合适的建筑场地。

（3）弃土弃渣采石。这种行为导致的泥石流的事例很多。如甘川公路西水附近，1973年冬在沿公路的沟内开采石料，1974年7月18日发生泥石流，使15座桥涵淤塞。

（4）滥伐乱垦。滥伐乱垦会使植被消失、山坡失去保护、土体疏松、冲沟发育，大大加重水土流失，进而破坏山坡的稳定性，崩塌、滑坡等不良地质现象发育，结果就很容易产生泥石流。例如甘肃省白龙江中游是我国著名的泥石流多发区。而在一千多年前，那里竹树茂密、山清水秀，后因伐木烧炭，烧山开荒，森林被破坏，才造成泥石流泛滥。

（5）次生灾害。地震灾害过后，经过暴雨或是山洪稀释，大面积的山体易发生洪流，如1981年，东川达德线泥石流，成昆铁路利子伊达泥石流、宝成铁路、宝天铁路的泥石流，都是在大周期暴雨的情况下发生的。

图2-4　泥石流

滑坡、崩塌与泥石流的关系也十分密切。易发生滑坡、崩塌的区域也易发生泥石流，只不过泥石流的暴发多了一项必不可少的水源条件。再者，滑坡和崩塌的物质经常是泥石流的重要固体物质来源。滑坡、崩塌还常常在运动过程中直接转化为泥石流，或者在发生一段时间后，其堆积物在一定的水源条件下生成泥石流，即泥石流是滑坡和崩塌的次生灾害。泥石流与滑坡、崩塌有着许多相同的促发因素。

泥石流的防治措施：泥石流是一种间歇性洪流，在未经防治之前，有往复多次发生的特点。防治泥石流的原则是以防为主。泥石流的防治措施主要有：上游水土保持，如植树植草等；中游拦截，如设拦截坝、挡墙等；下游排导，如建排洪道、导流坝等。建筑物选址时，要对泥石流发生的历史和现状进行调查，凡可能遭受泥石流影响的地段，不应布置建筑物，在不得已时，应当采取防治措施：

（1）对泥石流分布较集中、规模较大、发生频繁、危害严重的地带，应通过经济和技术分析比较，在有条件的情况下，采取跨河、绕道、走对岸的方案或其他绕避方案。

（2）通过散流发育且有相当固定沟槽的宽大堆积扇时，宜按天然沟床分散设桥，不宜改沟归并；如堆积扇比较窄小，散流不明显，则可集中设桥，一桥跨过。

（3）跨越泥石流沟时，应首先考虑从流通区或沟床比较稳定、冲淤变化不大的堆积扇顶部用桥跨越。

（4）如泥石流流量不大，在全面考虑的基础上，路线也可以在堆积扇中部以桥隧或过水路面通过。采用桥隧时，应充分考虑两端路基的安全措施。但是，这种方案往往很难克服排导沟的逐年淤积问题。

（5）当河谷比较开阔、泥石流沟距大河较远时，路线可以考虑走堆积扇的外线。这种方案线形一般比较舒顺，纵坡也比较平缓，但可能存在以下问题：堆积扇逐年向下延伸，淤埋路基；河床摆动，路基有遭受水毁的威胁。

（6）在处于活动阶段的泥石流堆积扇上，一般不宜采用路堑。路堤设计应考虑泥石流的淤积速度及公路使用年限，慎重确定路基标高。

(二)地面变形地质灾害

1. 地面沉降

地面沉降又称为地面下沉或地陷。它是在人类工程经济活动影响下,由于地下松散地层固结压缩,导致地壳表面标高降低的一种局部的下降运动(或工程地质现象)。

地面沉降的诱发因素:地面沉降是自然因素和人为因素综合作用下形成的地面标高损失。自然因素包括构造下沉、地震、火山活动、气候变化、地应力变化及土体自然固结等。人为因素主要包括如下4种:

(1)开发利用地下流体资源。由于抽取地下水,在许多国家和地区产生了地面沉降。20世纪20年代,中国上海、天津市区在集中开采地下水的地区发生了地面沉降。华北平原地下水降落漏斗和地面沉降已经引起广泛关注。

(2)岩溶塌陷。中国是世界上岩溶最多的国家之一。随着岩溶地区国民经济的飞速发展,岩溶区土地资源、水资源和矿产资源开发不断增强,由此引发的岩溶塌陷问题日益突出,已成为岩溶地区的主要地质灾害问题。

(3)开采固体矿产。矿山塌陷多分布在矿山的采空区,以采煤塌陷最为突出。中国有约20个省区发生采空塌陷,以黑龙江、山西、安徽、山东、河南等省最为严重。

(4)工程环境效应。密集高层建筑群等工程环境效应是近年来新的沉降制约因素,在地区城市化进程中不断显露,在部分地区的大规模城市改造建设中,地面沉降效应明显。

以上海为例,上海是中国最早发现区域性地面沉降的城市。自发现沉降以来至1965年,市区地面平均下沉1.76m,最大沉降量达2.63m。这主要是不合理开采地下水所致。20世纪60年代中期开始,经采取压缩地下水开采量,调整地下水开采层次及人工回灌等措施,实现了地面沉降的有效控制。

进入20世纪90年代,随着社会经济的发展,上海市各种基础市政工程及高层建筑开始大规模建设。而在同一时期,上海地面又明显出现加速沉降现象。由于上海中心城区地下水的开采得到严格控制,而且回灌量一直大于开采量，地下水动态历年来基本保持稳定。在严格控制地下水开采的情况下，密集高层建筑群等工程环境效应诱发的地面沉降已成为地面沉降的主要影响因素。

地面沉降的处理措施：

（1）凿除所有开裂和沉降较大的地坪，采用桩基对地基进行加固处理，再按照国家标准浇筑混凝土地坪。

（2）拆除建于开裂、沉降严重的地坪上的所有墙体和高耸建筑物，待重新浇筑地坪后再砌筑墙体，对和地坪不直接相连的开裂墙体采用双面钢筋网水泥砂浆进行加固处理。

（3）在地基处理并沉降稳定后对渗水屋面重做防水，并在渗水部位板低结构表面涂刷渗透型阻锈剂，其中楼面板开裂严重处，宜采用灌浆法对裂缝进行修补。地基处理的目的是要提高软地基的承载力，降低软弱土的压缩性，减少地基沉降和不均匀沉降。

2. 地裂缝

地裂缝是地表岩、土体在自然或人为因素作用下，产生开裂，并在地面形成一定长度和宽度的裂缝的一种地质现象。如果这种地质现象发生在有人类活动的地区，则可能会对人类生产与生活构成危害，称之为地裂缝灾害（图 2-5）。

地裂缝灾害是一种地质灾害，在世界许多国家都发生过，其发生频率和危害程度逐年增加，已成为一个新的、独立的自然灾害类型，并引起国际地学界的极大兴趣和关注。我国是地裂缝分布最广的国家之一，仅对河北、山西、山东、江苏、陕西、河南、安徽 7 省的不完全统计中，已有 200 多个县（市）发现地裂缝，共有 700 多处。出现地裂缝的城市有西安、大同、邯郸、保定、石家庄、天津、淄博等，其中以西安最为典型和严重。这些地裂缝穿越城镇民居、厂矿、农田，横切道路、铁路、地下管道和隧道等，造成大量建筑物破损、农田毁坏、道路变形、管道破裂等，严重影响了人民生活、厂矿生产和安全。每年因地裂缝灾害造成的经济损失达数亿元之多。

图 2-5 地裂缝

地裂缝的诱发因素：地裂缝的形成原因复杂多样。地壳活动、水的作用和部分人类活动是导致地面开裂的主要原因。按地裂缝的成因，常将其分为如下几类：

（1）地震裂缝。各种地震引起地面的强烈震动，均可产生这类裂缝。

（2）基底断裂活动裂缝。由于基底断裂的长期蠕动，使岩体或土层逐渐开裂，并显露于地表而成。

（3）隐伏裂隙开启裂缝。隐伏裂隙发育的土体，在地表水或地下水的冲刷、潜蚀作用下，裂隙中的物质被水带走，裂隙向上开启、贯通而成。

（4）松散土体潜蚀裂缝。由于地表水或地下水的冲刷、潜蚀、软化和液化作用等，使松散土体中部分颗粒随水流失，土体开裂而成。

（5）黄土湿陷裂缝。因黄土地层受地表水或地下水的浸湿，产生沉陷而成。

（6）胀缩裂缝。由于气候的干、湿变化，使膨胀土或淤泥质软土产生胀缩变形发展而成。

（7）地面沉陷裂缝。因各类地面塌陷或过量开采地下水、矿山地下采空引起地面沉降过程中的岩土体开裂而成。

（8）滑坡裂缝。由于斜坡滑动造成地表开裂而成。

地裂缝灾害的防治：地裂缝是一种渐进性的地质灾害，按其形成的动力条件可分为内动力形成的构造地裂缝和外动力形成的地裂缝，还有混合型成因的地裂缝。根据应力作用方式分为压性地裂缝、扭性地裂缝和张性地裂缝。地裂缝的特征主要表现为发育的方向性、延展性，以及灾害发生的渐进性和周期性。地裂缝的调查应特别重视地质环境条件和人类工程经济活动，主要工作内容包括地质环境、人类活动、发生地域、危险性、监测、预测和划分危险区等。调查方法主要有访问、测绘、地球物理化学勘探、钻探、槽探、井探、遥感等。地裂缝的危险性评估包括两方面，一方面是进行破坏损失调查与统计；另一方面是进行场地的工程地质评价，对地裂缝进行成因机理分析，研究地裂缝危害的防治对策，提出合理性建议。

3. 地面塌陷

上覆岩层发生破坏，使岩土体下陷或塌落在地下空洞中，并在地表形成不同形态的塌坑，这种现象称为地面塌陷。塌陷区往往伴随有围绕塌坑的若干裂缝，形成大小不等的环形或弧形开裂。由于下陷的不均一性，有时候会在塌陷区内形成一些起伏不平的鼓丘或不规则开裂。

地面塌陷是地下矿产采空区或喀斯特区常见的一种地质灾害。据调查，我国东北、西北、华北以及南方诸省均分布有地面塌陷，南方地区的喀斯特塌陷最多，而北方地区则以矿产开发引起的地面塌陷为主。据不完全统计，全国23个省（自治区、直辖市）发生岩溶塌陷1400多例，塌坑总数超过4万个，给国民经济建设和人民生命财产带来严重威胁。

地面塌陷的主要危害是破坏房屋、铁路、公路、矿山、水库、堤防等工程设施，造成房屋倒塌、道路中断、水库漏水、大坝和堤防陷落开裂等。此外，地面塌陷还破坏土地资源，使大量耕地被毁，一些城市和矿区的环境恶化。

地面塌陷的诱发因素：

（1）地形地貌和地质构造。喀斯特地区的洼地、谷地与河谷等往往是断裂构造和喀斯特的发育地带，也是地下水的主要径流排泄带或汇水区，这些地区十分有利于地面塌陷的产生。

（2）洞顶自重和外加荷载作用。受化学侵蚀、机械剥蚀及人为挖掘等作用的影响，洞顶支撑力减少或自重力加大。当支撑力无法抵消洞顶岩土体重力作用时，就会引起上覆岩层的塌陷。荷载造成的塌陷常与人类活动和工程建设有关。

（3）震动效应。强烈的地震和人为震动都会引起岩土体的各种破坏效应，如果在震动区分布有地下岩洞或洞穴，往往会引起地面塌陷或洞室坍塌。

（4）降雨和蓄水影响。降雨和蓄水不但直接使岩土体湿润与饱和、增加岩土体的容重及降低其强度，而且还抬高地下水位，增强地下水的渗透和侵蚀能力，提高洞内的水压力，故塌陷多出现在雨季或多雨季节。

（5）疏干排水。在进行矿床开采和地下工程建设时，往往要大规模地进行地下水的疏干排水。地下水位的大幅度下降，使得上覆岩体失去了浮托力，增大了渗透压力，潜蚀作用增强，极易造成地面塌陷。

（6）冲刷溶蚀作用。在一些工矿企业和城市中，地下管道漏水或排放废液，对岩土层具有很强的冲刷和侵蚀作用，容易沿着某一通道带走松散和可溶物质，形成空洞导致坍塌。

地面塌陷的防治措施和解决办法：

虽然地面塌陷具有随即、突发的特点，有些防不胜防，但它的发生是有内在和外部原因的。可以针对塌陷的原因，事前采取一些必要的措施，以避免或减少灾害的损失。这些预防措施主要包括以下4个方面：

（1）采取措施减少地表水的下渗。水是塌陷发生不可忽略的触发因素之一。因此，首先应该注意雨季疏通地表排水沟渠，降雨季节时刻提高警惕，加强防范意识，发生异常情况及时躲避；其次加强地下输水管线的管理，发现问题及时解决；最后，做好地表和地下排水系统的防水工作。

（2）合理采矿。预留保护煤柱合理科学的采矿方案，可以防止或减少塌陷的发生，特别是小煤窑不能影响国矿的安全和开采规划。采矿单位应向地方规划部门提供采空区位置及有关资料，以便于工程建设单位根据采空区位置进行勘探设计工作。采煤时建筑物下预留保护柱，按等级确定保护宽度。

（3）加强采矿区的地质工程勘察工作。工作面塌陷的发生，有一方面原因是采空区上的工程勘察工作做的不够。由于地下情况不明，因此只能在塌陷事件突发后再去进行勘察，研究治理办法。我们应未雨绸缪，加强塌陷区地质工程勘察和资料收集分析工作。对勘察工作确定的重点塌陷危险区，应坚决采取搬迁措施。

（4）防治结合，加强工程自身防护能力。在采空区进行工程建设时，应尽可能绕避最危险的地方。对不能绕避的塌陷区、采空区，根据实际情况采取压力灌浆等工程措施，对已塌陷的地区进行填堵、夯实，条件允许时还可以采取直梁、拱梁、阀板等方法跨越塌陷区。设计时加强建筑物的整体刚度和整体性，并加强工程本身的防护能力，如缩短变形缝、防渗漏等措施。

(三) 火山灾害

火山灾害有2大类，一类是由于火山喷发本身造成直接灾害，另一类是由于火山喷发引起的间接灾害。实际上，在火山喷发时，这2类灾害常常是兼而有之。火山碎屑流、火山熔岩流、火山喷发物（包括火山碎屑和火山灰）、火山喷发引起的泥石流、滑坡、地震、海啸等都能造成火山灾害（图2-6）。

根据资料统计，全球有大约500座活火山，其中有近70座在水下，其余均分布在陆地上。在地球上几乎每年都有规模和程度不同的火山喷发活动，给人类活动和生存带来了很大的危害。全球大约1/4的人口生活在火山活动区的危险地带。据统计，在近400年的时间里，火山喷发已经夺去了大约27万人的生命。特别是在活火山集中的环太平洋地区，火山灾害更为突出。因此，火山灾害被列为世界主要自然灾害之一。在1991-2000年"国际减轻自然灾害十年"计划中，减轻火山灾害也是其中一项重要的内容。

1. 火山灾害形成原因

地球内部温度和密度不均匀，在地幔内部形成地幔对流或地幔柱。当高温物质上升到地球浅部时，由于压力减小而发生部分熔融。在外力作用下，这些熔融物质汇聚在一起并在地球的浅部形成岩浆囊。当岩浆囊的压力大于地层的压力时，岩浆就会沿着断层或薄弱的地方冲破地壳，形成火山爆发。还有一种火山的成因是由于板块相互作用。比如在板块的俯冲带或碰撞带，由于摩擦形成了局部高温，一些含水矿物的脱水也降低了岩石的熔点，这时也会形成岩浆囊，从而引发火山活动。

图 2-6 火山灾害

2. 火山灾害的应急防治

国内应急防治：当火山喷发或出现多种强烈临喷异常现象时，中国地震局和有关省（区、市）人民政府要及时将有关情况上报国务院。

中国地震局派出火山现场应急工作队伍赶赴灾区，对火山喷发或临喷异常现象进行实时监测，判定火山灾害类型和影响范围，划定隔离带，视情况向灾区人民政府提出转移居民的建议。必要时，国务院研究、部署火山灾害应急工作，国务院有关部门进行支援。灾区人民政府组织火山灾害预防和救援工作，必要时组织转移居民。

国外应急防治：当国外发生造成重大影响的地震及火山灾害事件时，外交部、商务部、中国地震局等部门及时将了解到的受灾国的情况报国务院，按照有关规定实施国际救援和援助行动。

根据情况，发布信息，引导我国出境游客避免赴相关地区旅游，组织有关部门和地区协助安置或撤离我国境外人员。

当毗邻国家发生地震及火山灾害事件造成我国境内灾害时，按照我国相关应急预案处置。

（四）特殊地质灾害——荒漠化

荒漠化（图 2-7）是由于干旱少雨、植被破坏、过度放牧、大风吹蚀、流水侵蚀、土壤盐渍化等因素造成的大片土壤生产力下降或丧失的自然（非自然）现象。荒漠化一词起源于 20 世纪 60 年代末至 20 世纪 70 年代初，非洲西部撒哈拉地区连年严重干旱，造成空前灾难，"荒漠化"名词由此流传开来。荒漠化最终结果大多是沙漠化。荒漠化的治理需广泛的国际合作，需要世界各国共同参与。

1.荒漠化的形成原因

（1）自然因素。自然因素包括干旱（基本条件）、地表松散物质（物质基础）、大风吹扬（动力），没有植被（保护）等。以风力作用下的荒漠化过程为例，其包括发生、发展和形成3个阶段：①发生阶段：仅存在发生荒漠化的条件，如气候干燥、地表植被开始被破坏等，即潜在荒漠化；②发展阶段：地面植被已被破坏，出现风蚀、粗化、斑点状流沙和低矮灌丛沙堆，随风沙活动加剧，进一步出现流动沙丘或吹扬的灌丛沙堆，包括发展中的荒漠化（荒漠化土地占土地面积20%以下）和强烈发展的荒漠化（荒漠化土地占土地面积的20%~50%）；③形成阶段：地表广泛分布流动沙丘或吹扬的灌丛沙堆，其面积占土地面积50%以上，为严重荒漠化。

（2）人为因素。人为因素既包括过度樵采、过度放牧、过度开垦、矿产资源的不合理开发，以及水资源的不合理利用等人类的不当活动。人为因素和自然因素综合地作用于脆弱的生态环境，造成植被破坏，荒漠化现象开始出现和发展。荒漠化程度及其在空间上的扩展受干旱程度和人畜对土地压力强度的影响。荒漠化也存在着逆转和自我恢复的可能性，这种可能性的大小及荒漠化逆转时间进程的长短受不同的自然条件（特别是水分条件）、地表情况和人为活动强度的影响。

图2-7　土地荒漠化

2. 荒漠化的防治措施

(1) 保护现有植被，加强林草建设。在强化治理的同时，切实解决好人口、牲口、灶口问题，严格保护沙区林草植被。通过植树造林、乔灌草的合理配置，建设多林种、多树种、多层次的立体防护体系，扩大林草比重。在搞好人工治理的同时，充分发挥生态系统的自我修复功能，加大封禁保护力度，促进生态自然修复。

(2) 在荒漠化地区开展持久的生态革命，以加速荒漠化过程逆转。关键是合理调配水资源，保障生态用水。不合理的水资源调配制度，是造成我国西北河流缩短、湖泊萎缩甚至干涸、地下水位下降、土地荒漠化的直接原因。

(3) 通过开展环保意识的宣传教育，提高全民族的思想认识水平，使关心、爱护环境，自觉地参与改造和建设环境，成为全社会的风尚；同时，国家要有计划地对局部荒漠化非常严重、草地和耕地几乎完全废弃、恶劣的自然环境已经不适于人类生存的地区，实行生态移民。

(4) 扭转靠天养畜的落后局面，减轻对草场的破坏。要落实草原承包责任制，规定合理的载畜量，大力推行围栏封育、轮封轮牧，大力发展人工草地或人工改良草地，发展舍饲养畜。加快优良畜种培育，优化畜种结构。

(5) 加快产业结构调整，按照市场要求合理配置农、林、牧、副各业比例，积极发展养殖业、加工业，分流农村剩余劳动力，减轻人口对土地的压力。还可利用荒漠化地区蕴藏着多种独特的资源，如光热、自然景观、文化民俗、富余劳动力等资源优势开发旅游、探险、科考产业等。

(6) 优化农牧区能源结构，大力倡导和鼓励人民群众利用非常规能源，如风能、光能、沼气等能源，以减轻对林、草地等资源的破坏。

(7) 做好国际履约工作的同时，加强荒漠化防治的国际交流与合作，争取资金与外援。

3. 荒漠化的主要治理技术

荒漠化的主要治理技术包括：草方格固沙，滴灌造林技术，人工植树造林技术，无灌溉造林技术，以及设施防护管育苗与机械化移栽一体化荒漠造林技术。

第二节 地质灾害应急管理的原则与组织体系

一、我国地质灾害应急管理的特点

地质灾害应急管理体系是一个多对象、多层次、多状态、多尺度的复杂大系统，根据国家组织机构设置及其职能分工，该体系是以行政等级为纵轴、以职能划分为横轴的多维立体矩阵式结构体系。

2005年5月14日，国务院发布了《国家突发地质灾害应急预案》，随后各省（区、市）和大部分地质灾害易发区的市、县均发布实施了突发地质灾害应急预案，我国从中央到地方的突发地质灾害应急预案系统初步形成。

根据《国家突发地质灾害应急预案》，该项工作是以各级政府统一领导，有关部门各司其职、密切配合为原则。为统一领导，灵活、高效地实施应急管理，各级政府根据突发事件的种类和应急管理的需要，成立涵盖地质灾害全灾种的专门综合应急指挥管理体系，统一协调各级政府和各部门，避免由于职能模糊而造成的管理曲折、效率低下的弊端，充分利用和共享已建立的各种社会应急管理资源和力量，实行分类管理、分级负责、条块结合、属地为主，并实现应急管理"点"与常态行政管理"面"的有机结合。

我国地质灾害应急管理的特点有以下5点：

（一）以人为本、预防为主

应急管理部门及各级各有关部门要增强忧患意识和责任意识，高度重视突发地质灾害应急防治工作，坚持预防为主，常抓不懈，建立健全群测群防机制，避免和减轻突发地质灾害造成的损失。在突发地质灾害应急防治工作中，要把保障人民群众生命和财产安全作为首要任务，最大限度地避免和减少人员伤亡，并切实加强应急救援人员的安全防护工作。要坚持人民至上、生命至上、安全第一的理念，把保障人民群众生命财产安全和抢险救援人员安全放在首位，最大程度地减轻社会突发地质灾害事件风险，减少突发地质灾害给人民群众造成的生命财产损失。

(二) 两个坚持、三个转变

坚持以防为主、防抗救相结合；坚持常态减灾和非常态救灾相统一。从注重灾后救助向注重灾前预防转变；从应对单一灾种向综合减灾转变；从减少灾害损失向减轻灾害风险转变。

(三) 统一领导、属地为主、分级负责

在应急管理部及各级政府的统一领导下，建立健全分级负责、条块结合、以属地管理为主的应急防治体制，实行行政领导责任制，充分发挥事发地政府的作用。各有关部门要按照规定的职责分工，各司其职，依法实施应急防治工作。

平时，应急管理主管部门负责全国地质灾害防治的组织、协调、指导和监管工作，国务院其他有关部门按照各自的职责负责有关的地质灾害防治工作；县级以上地方人民政府应急管理部门负责本行政区域内地质灾害防治的组织、协调、指导和监督工作，县级以上地方人民政府其他有关部门按照各自的职责负责有关的地质灾害防治工作。

(四) 快速反应、协同应对

加强以属地管理为主的应急队伍建设，建立健全快速反应机制，提高各级各有关部门的快速反应能力。建立健全联动协调制度，充分发挥乡（镇）、社区、企事业单位、社会团体和志愿者队伍的作用，依靠公众力量，形成统一指挥、反应灵敏、功能齐全、协调有序、运转高效的应急管理机制。

(五) 依靠科技、提高素质

加强突发地质灾害防治的科学研究和技术开发，采用先进的监测、预报、预警、预防和应急处置技术及设施设备，充分发挥各类专家和专业技术人员的作用，提高应对突发地质灾害的科技水平和指挥能力，避免发生次生事件。加强对专业应急防治队伍和志愿者队伍的培训，定期进行演习，做好对公众的宣传教育工作，提高公众的自救、互救能力。

二、地质灾害应急管理组织体系和职责任务

2018年3月21日，新组建的应急管理部成立，作为国务院组成部门，将原国土资源部地质灾害防治相关职责（应急管理）划转到应急管理部，形成了两部门协同、共同履行地质灾害防治职责的新工作模式。

在改革方案的总体框架下，自然资源部门主要负责"防"和"治"，即负责地质灾害的预防和治理；应急管理部门主要负责"救"，即负责地质灾害发生后的应急和救援。但是，两部门之间也不完全是各管一段，而是你中有我，我中有你，有分有合，相互配合，共同做好地质灾害防治工作。简而言之，地质灾害的预防和治理主要依靠自然资源部门，但应急管理部门也要通过综合风险监测、编制和组织实施综合防灾减灾规划、开展灾后调查评估等措施，发挥好应急指挥机构的作用，做好地质灾害预防工作；地质灾害发生后的应急和救援是应急管理部门的主要职责，但自然资源部门要在地质灾害发生时防止事态扩大，做到灭早、灭小，在应急救援阶段做好技术支撑。这种职责划分，既可以发挥自然资源部门的专业优势和技术优势，又可以发挥应急管理部门的综合优势和力量优势，其职责划分情况详见图2-8。

（一）组织体系

我国自然灾害管理的特点之一是分类管理。出现超出事发地省级人民政府处置能力，需要由国务院负责处置的特大型地质灾害时，根据国务院国土资源行政主管部门的建议国务院可以成立临时性的地质灾害应急防治总指挥部，负责特大型地质灾害应急防治工作的指挥和部署。省（市、县）级人民政府可以参照上级地质灾害应急防治总指挥部的组织体系，结合本地实际情况成立相应的地质灾害应急防治指挥（图2-8）。

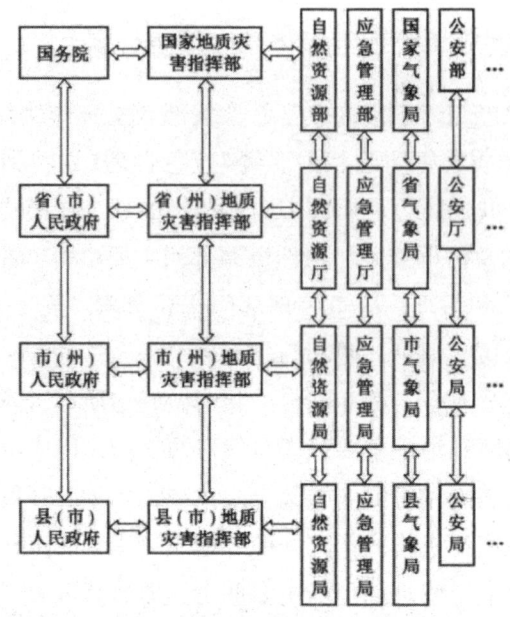

图 2-8 地质灾害应急组织体系

发生地质灾害或者出现地质灾害险情时，相关市、县人民政府可以根据地质灾害抢险救灾的需要，成立地质灾害抢险救灾指挥机构，增加应急管理软硬件投入，切实履行好值守应急、信息汇总和综合协调职能，充分发挥突发事件信息报告、应急处置、调查评估等重要作用，统一县、区应急管理机构建制，配备专门工作人员，明确工作职责。

(二) 职责任务

地质灾害应急指挥机构的成员一般包括自然资源、应急管理、军区、发改委、教育、科技、公安、财政、生态环境、交通运输、文化和旅游、广播电视、能源等部门。根据情况，可以吸纳相关专家进入指挥机构。指挥机构的总指挥或指挥长一般由分管行政领导担任，或由自然资源或应急管理部门第一负责人担任。副总指挥机构内设办公室，指挥部成员单位派联络员参加指挥部办公室工作。位于地质灾害易发区的市（州）、县（市、区）设立由有关部门、驻地武警、人民武装部负责人等组成的地质灾害指挥部，在上级地质灾害指挥部和本级党委、政府的领导下，指挥本地区地质灾害应急处置工作。位于地质灾害易发区的乡镇、街道设地质灾害指挥机构，由主要负责人担任指挥长,并明确与地质灾害应急工作任务相适应的工作人员,在上级地质灾害指挥部的领导下,负责本区域地质灾害预防和应急处置工作。

指挥部要根据工作需要设立综合协调组、应急救援组、技术支撑组、通信电力保障组、交通保障组、军队协调组、调查评估组、群众安置组、医疗救助组、社会治安组、宣传舆论组等(表2-5)。

表2-5 应急指挥部组成及职责

序号	名称	牵头单位	主要职责
1	综合协调组	自然资源厅,应急厅	负责应急抢险综合协调及指挥部各工作组之间的协调工作
2	应急救援组	应急厅	负责人员搜救和应急抢险
3	技术支撑组	自然资源厅	负责进行灾险情动态监测、预警预报、抢险救援方案制定等技术支撑工作
4	通信电力保障组	通信管理局,能源监管办	负责组织协调通信、电力运营企业抢修和维护因灾损坏的通信、电力设施,尽快恢复灾区通信、电力;调度应急通信、电力设备,做好抢险救援现场通讯,电力保障
5	交通保障组	交通运输局,发展改革委	负责应急物资、应急车辆和交通保障,开展救援人员运送、现场安全、善后处理等,为现场与各级地质灾害指挥部、各成员单位之间的密切配合提供保障
6	军队协调组	军区,武警总队	协调调动军队力量参加抢险救援;协助建立军地协同对接渠道,加强信息互通互联,进行军地联合指挥;做好军队力量在灾害现场的后勤保障工作
7	调查评估组	应急厅,自然资源厅	负责组织开展灾害体的应急调查,动态掌握灾险情;收集、分析相关信息,会同技术支撑组对灾害发展趋势进行初步预测,提出初步应急处置措施建议,汇总后报省地质灾害指挥部;负责灾情信息的收集、统计、核查和上报工作;开展灾情调查和跟踪评估;对受灾情况进行调查核实,评估灾害损失;对灾后群众救助情况进行调查评估

续表

序号	名称	牵头单位	主要职责
8	群众安置组	应急厅	负责灾害发生地群众紧急转移安置和基本生活保障。组织疏散、转移和临时安置受灾人员；对安置场所进行灾害风险评估，确保安全；开辟紧急避难场所，设置集中安置点，调拨帐篷、衣被、食品、饮用水等救灾物资，保障受灾群众吃饭、穿衣、饮水、居住等基本生活需求。鼓励采取投亲靠友等方式，广泛动员社会力量和志愿者安置受灾群众
9	医疗救助组	卫生健康委	负责医疗救治和卫生防疫工作
10	社会治安组	公安厅	负责灾害发生地社会秩序稳定
11	宣传舆论组	政府新闻办	负责新闻宣传和舆情监管的组织协调工作

第三节　地质灾害应急管理运行机制

新时代地质灾害应急管理运行机制主要包括预防评估机制、预报预警机制、灾害速报机制、分级响应机制、综合保障机制、应急预案机制和后期处置机制等。

一、预防评估机制

(一) 预防

1. 编制年度地质灾害防治方案

县级以上自然资源部门在开展地质灾害调查的基础上，会同同级突发地质灾害应急指挥机构有关成员单位，依据地质灾害防治规划，结合气象预测信息，于每年年初拟订年度地质灾害防治方案，报经同级人民政府批准后公布实施；也可依据同级人民政府批准的跨年度防治方案组织实施。

2. 建立地质灾害监测系统

县级以上自然资源部门要会同住房城乡建设、交通运输、水利、教育、卫生健康、人力资源、文化旅游、铁路等部门，根据本地区地质灾害区、隐患点和风险点特征，建立健全地质灾害群测群防网络和专业监测网络，形成覆盖全省的地质灾害监测系统。

3. 发放"防灾明白卡"

县（市、区）人民政府要将当地地质灾害区、隐患点和风险点的群测群防工作落实到乡（镇）人民政府、街道办事处以及农村集体经济组织（社区），并将涉及地质灾害防范措施的"防治工作明白卡"和"防灾避险明白卡"分别发放给受灾害隐患威胁的单位、居民以及防灾责任人。

4. 鼓励报灾报险

鼓励、支持群众和单位通过信件、电话、短信等各种形式向当地人民政府及其主管部门、有关地质灾害防治机构报告地质灾害信息。有关监测单位或监测人发现地质灾害灾情或险情时，要按照突发地质灾害分级标准报告相关自然资源部门或应急管理部门，自然资源部门和应急管理部门要及时共享灾情险情信息。

（二）监测

（1）各级人民政府要充分发挥地质灾害群测群防和专业监测网络的作用，每年汛期前，自然资源、住房城乡建设、交通运输、水利、铁路等单位根据职责开展地质灾害隐患巡查、排查，发现险情及时报告，落实监测单位和监测人；汛中、汛后定期或不定期开展检查，加强对地质灾害重点地区的监测和防范。

（2）各级应急管理部门应向社会公布报灾电话。接到特别重大、重大地质灾害灾情信息后，要迅速组织处理，并将情况报送省指挥部办公室和省自然资源厅。省指挥部办公室接报后，要初步核实灾情，及时研判，并报告省人民政府。必要时，省应急管理厅会同省自然资源厅立即派工作人员赶赴灾害现场，进一步查明情况，指导、协助当地人民政府妥善开展应急处置。

（三）评估

各级自然资源部门要会同有关单位建立健全地质灾害风险评估机制，

定期或不定期组织地质灾害风险评估工作,明确地质灾害防范和应对措施。

地质灾害风险主要包括以下4种风险:

1. 人民群众生命安全风险

主要包括城镇、农村等居民的生命安全风险,要特别关注儿童、老人、残病人口、流动人口等特殊人群的生命安全风险。

2. 建筑物风险

主要包括城镇居民住宅、农村住宅、宾馆、饭店、公寓、商店、学校、医院、机关、部队营房、工业厂房、仓库等各种重要建筑设施及附属设施风险,同时包括建筑设施内的物资风险。

3. 生命线工程风险

主要包括铁路、公路、航道、通信、供水、排水、供电、供气以及桥梁、涵洞、隧道等生命线工程风险。

4. 水利工程风险

主要包括水库(水电站)、堤防、水闸、泵站、农村供水设施等风险。

二、预报预警机制

(一) 预报预警体系建设

县级以上政府要建立健全以预防为主的地质灾害监测、预报、预警体系,开展地质灾害调查,编制地质灾害防治规划,进一步完善地质灾害群测群防网络和专业监测网络,形成覆盖全省的地质灾害监测网络。省自然资源部门要与省水利、气象、地震等部门密切合作,逐步建成与全省防汛监测网络、气象监测网络、地震监测网络互联,与各有关部门之间互通的地质灾害信息系统,及时传送相关信息。

(二) 信息收集与分析

负责地质灾害监测的单位要广泛收集整理与突发地质灾害预报预警有关的数据资料和相关信息,进行地质灾害中、短期趋势预测,建立地质灾害监测、预报、预警等资料数据库,实现各有关部门各单位之间的信息共享。

(三) 预警分级

根据气象、地质环境等因素预测地质灾害的风险大小，对可能发生地质灾害的相关区域进行预警。预警级别从低到高分别为四级、三级、二级、一级，分别用蓝色、黄色、橙色、红色表示：

(1) 蓝色预警：预计地质灾害发生有一定风险。

(2) 黄色预警：预计地质灾害发生风险较高。

(3) 橙色预警：预计地质灾害发生风险高。

(4) 红色预警：预计地质灾害发生风险很高。

(四) 预警信息发布

预警信息的内容包括突发地质灾害可能发生的时间、空间范围和风险等级等。各级地质灾害指挥机构应加强预警信息管理，建立预警信息共享发布机制，实现预警信息的权威统一发布，提高预警信息发布的时效性，扩大预警信息发布的覆盖面。

1. 发布权限

县级以上的自然资源主管部门要加强与气象部门会商，负责确定预警区域、级别，并按相应权限发布，并报同级人民政府。

2. 发布方式

预警信息的发布和调整要及时通过广播、电视、手机、报刊、通信与信息网络、警报器、宣传车、大喇叭或组织人员逐户通知等方式进行。

3. 发布对象

明确预警发布范围，将受地质灾害威胁的城镇、学校、医院、集市、农家乐、景区、安置点、在建工地等人口聚集区作为重点发布对象。

4. 信息反馈

承担地质灾害防治与应急职责的相关部门（单位）接收到预警信息后，应及时向发布预警信息的单位反馈接收及响应结果。

三、灾害速报机制

为了对地质灾害做出快速及时的反应，尽可能地减少危害，必须建立速报机制。速报机制应对速报时限和速报内容作出明确的规定要求：

（一）险情灾情报告

有关乡镇（街道）、村（社区）、单位和个人发现或接报地质灾害险情后，应立即向当地群众示警，同时向当地县（市、区）自然资源部门报告；地质灾害已经发生并造成人员伤亡或直接财产损失的，还应立即向当地县（市、区）应急管理部门报告，必要时可越级上报。

（二）速报时限要求

县（市、区）自然资源部门接到当地出现中型、小型地质灾害险情报告后，要在1.5h内书面逐级上报至省自然资源厅，同时抄报本级应急管理部门；接到特大型、大型地质灾害险情报告后，要在20min内电话、35min内书面逐级上报至省自然资源厅，同时抄报省应急管理厅。省自然资源厅接到特大型、大型地质灾害险情报告后，要立即向省委、省政府和自然资源部报告，并抄报省应急管理厅。县（市、区）应急管理部门接到中型、小型地质灾害灾情报告后，要在1.5h内书面逐级上报至省应急管理厅；接到大型、特大型地质灾害灾情报告后，要在25min内电话、35min内书面逐级上报至省应急管理厅，必要时可越级上报。省应急管理厅接到中型及以上地质灾害灾情报告后，应立即向省委、省政府和应急管理部报告，同时抄报省应急救援指挥部成员单位。当出现超出当地政府处置能力的险情时，当地政府应迅速向上一级应急救援指挥部办公室提出支援需求和处置方案。

（三）速报渠道

速报采用传真、信息网络传输等方式书面报告；情况紧急时，先电话报告，后补充书面报告。

（四）速报内容

突发地质灾害速报的内容主要包括：险情、灾情出现的时间和地点、灾害类型、灾害体的规模、危害对象和可能的引发因素等。对已发生的地质灾害，速报内容还要包括伤亡和失踪的人数以及造成的直接经济损失。根据事态进展，及时做好后续处置情况续报工作；情况有变化的，应在进一步核实后，将情况续报和核报。

四、分级响应机制

分级响应是根据地质灾害险情与灾情的等级划分，采取相应组织机构级别的应急对策能力。

(一) 地质灾害险情和灾情的分级

我国将地质灾害险情和灾情按危害程度和规模大小分为特大型、大型、中型、小型4级。

1. 特大型地质灾害（Ⅰ级）

地质灾害险情：受灾害威胁，需搬迁转移人数在1000人以上或潜在可能造成的经济损失1亿元以上的地质灾害险情为特大型地质灾害险情；地质灾害灾情：因灾死亡30人以上或因灾造成直接经济损失1000万元以上的地质灾害灾情为特大型地质灾害灾情。

2. 大型地质灾害（Ⅱ级）

地质灾害险情：受灾害威胁，需搬迁转移人数在500人以上、1000人以下，或潜在经济损失5000万元以上、1亿元以下的地质灾害险情为大型地质灾害险情；地质灾害灾情：因灾死亡10人以上、30人以下，或因灾直接经济损失500万元以上、1000万元以下的地质灾害灾情为大型地质灾害灾情。

3. 中型地质灾害（Ⅲ级）

地质灾害险情：受灾害威胁，需搬迁转移人数100人以上、500人以下，或潜在经济损失500万元以上、5000万元以下的地质灾害险情为中型地质灾害险情；地质灾害灾情：因灾死亡3人以上、10人以下，或因灾造成直接经济损失100万元以上、500万元以下的地质灾害灾情为中型地质灾害灾情。

4. 小型地质灾害（Ⅳ级）

地质灾害险情：受灾害威胁，需搬迁转移人数100人以下，或潜在经济损失500万元以下的地质灾害险情为小型地质灾害险情；地质灾害灾情：因灾死亡3人以下，或因灾造成直接经济损失100万元以下的地质灾害灾情为小型地质灾害灾情。

(二)应急响应行动

1. 先期处置

各级应急管理部门接到地质灾害灾情报告后,按照地质灾害等级,向本级政府提出启动相应级别的应急响应的建议,经本级政府批准后,将响应决定通报本级地质灾害应急救援指挥部成员单位。

各级地质灾害应急救援指挥部成员单位接到地质灾害灾情报告后,立即按照职责分工,集结队伍人员,畅通联络方式,做好应急准备。

接到地质灾害险情或者灾情报告后,地质灾害发生地政府要立即组织应急管理、自然资源等部门人员赶赴现场,进行现场调查,采取有效措施,防止灾害发生或者灾情扩大,并向上级政府报告。

2. 应急响应

地质灾害应急工作遵循分级响应程序,根据地质灾害的等级,将应急响应级别分为Ⅰ级、Ⅱ级、Ⅲ级、Ⅳ级:

(1)Ⅰ级应急响应。特大型地质灾害险情与灾情启动Ⅰ级应急响应。对出现灾害前兆、可能造成人员伤亡和重大财产损失的特大型地质灾害险情,地质灾害发生地县(市、区)政府要及时划定地质灾害危险区,向社会公告并设立明显的警示标志;组织制定防灾避险方案,明确防灾责任人、预警信号、疏散路线及临时安置场所等;组织力量严密监测地质灾害发展变化。紧急情况下,迅速启动防灾避险方案,及时有序组织群众安全转移。

特大型地质灾害发生后,县级以上政府要立即启动相关的应急预案和应急指挥系统,在省政府的领导下,由省应急救援指挥部具体指挥、协调,组织财政、自然资源、应急管理、住房城乡建设、交通运输、水利、气象等有关部门的专家和应急处置人员,及时赶赴现场,加强监测,采取应急措施,防止灾情扩大,避免抢险救灾可能造成的二次人员伤亡;快速高效地做好人员搜救、灾情调查、险情分析、次生灾害防范等应急处置工作,并妥善安排受灾群众生活、医疗和心理救助,全力维护灾区社会稳定。

当出现超出省政府处置能力,需要由国务院组织处置的特大型地质灾害时,由省政府向国家请求支援,并按照《国家突发地质灾害应急预案》规定和国家统一部署做好相关工作。

(2) Ⅱ级应急响应。大型地质灾害险情与灾情启动Ⅱ级应急响应。对出现灾害前兆、可能造成人员伤亡和重大财产损失的大型地质灾害险情，地质灾害发生地县（市、区）政府要及时划定地质灾害危险区，向社会公告并设立明显的警示标志；组织制定防灾避险方案，明确防灾责任人、预警信号、疏散路线及临时安置场所等；组织力量严密监测地质灾害发展变化。紧急情况下，要迅速启动防灾避险方案，及时有序组织群众安全转移。

大型地质灾害发生后，县级以上政府要立即启动相关的应急预案和应急指挥系统，在省政府的领导下，由省应急救援指挥部具体指挥、协调，组织财政、自然资源、应急管理、住房城乡建设、交通运输、水利、气象等有关部门的专家和应急处置人员，及时赶赴现场，加强监测，采取应急措施，防止灾情扩大，避免抢险救灾可能造成的二次人员伤亡；快速高效地做好人员搜救、灾情调查、险情分析、次生灾害防范等应急处置工作，并妥善安排受灾群众生活、医疗和心理救助，全力维护灾区社会稳定。

(3) Ⅲ级应急响应。中型地质灾害险情与灾情启动Ⅲ级应急响应。对出现灾害前兆、可能造成人员伤亡和财产损失的中型地质灾害险情，地质灾害发生地县（市、区）政府要及时划定地质灾害危险区，向社会公告并设立明显的警示标志；组织制定防灾避险方案，明确防灾责任人、预警信号、疏散路线及临时安置场所等；组织力量严密监测地质灾害发展变化。紧急情况下，迅速启动防灾避险方案，及时有序组织群众安全转移。

中型地质灾害发生后，地质灾害发生地市、县（市、区）政府要立即启动相关的应急预案和应急指挥系统，在市政府的领导下，由市应急救援指挥部具体指挥、协调，组织财政、自然资源、应急管理、住房城乡建设、交通运输、水利、气象等有关部门的专家和应急处置人员，及时赶赴现场，加强监测，采取应急措施，防止灾情扩大，避免抢险救灾可能造成的二次人员伤亡；快速高效地做好人员搜救、灾情调查、险情分析、次生灾害防范等应急处置工作，并妥善安排受灾群众生活、医疗和心理救助，全力维护灾区社会稳定。

(4) Ⅳ级应急响应。小型地质灾害险情与灾情启动Ⅳ级应急响应。对出现灾害前兆、可能造成人员伤亡和财产损失的小型地质灾害险情，地质灾害发生地县（市、区）政府要及时划定地质灾害危险区，向社会公告并设立明显的警示标志；组织制定防灾避险方案，明确防灾责任人、预警信号、疏散路线及临时安置场所等；组织力量严密监测地质灾害发展变化。紧急情况下，要迅速启动防灾避险方案，及时有序组织群众安全转移。

小型地质灾害发生后，地质灾害发生地县（市、区）政府要立即启动相关的应急预案和应急指挥系统，在本县（市、区）政府的领导下，由县（市、区）应急救援指挥部具体指挥、协调，组织财政、自然资源、应急管理、住房城乡建设、交通运输、水利、气象等有关部门的专家和应急处置人员，及时赶赴现场，加强监测，采取应急措施，防止灾情扩大，避免抢险救灾可能造成的二次人员伤亡；快速高效地做好人员搜救、灾情调查、险情分析、次生灾害防范等应急处置工作，并妥善安排受灾群众生活、医疗和心理救助，全力维护灾区社会稳定。

（三）应急响应行动结束

经专家组鉴定，确认地质灾害险情或灾情已消除，或者得到有效控制后，地质灾害发生地县（市、区）政府要及时撤销划定的地质灾害危险区，应急响应结束。

五、综合保障机制

（一）应急队伍、资金、物资准备保障

加强地质灾害专业应急防治与救灾队伍建设，配备必要的交通、通信和专业设备，形成高效的应急工作机制，确保灾害发生后应急防治和救灾力量及时到位，并能够迅速有效地开展工作。专业应急救援队伍、武警部队、乡镇（街道）、村（社区）应急救援志愿者组织等应急救援力量，日常要坚持有针对性地培训，并定期演练，不断提高业务技能。

（二）通信与信息保障

加强地质灾害监测、预报、预警信息系统建设，充分利用现代通信手段，把有线电话、卫星电话、移动手机、无线电台及互联网等有机结合起来，建立覆盖全省的地质灾害应急防治信息网，并实现各部门间的信息共享。

(三) 应急技术保障

1. 地质灾害应急防治专家组

省、市自然资源和应急管理部门要进一步加强地质灾害专家队伍建设，为地质灾害应急救援工作提供技术支持。

2. 地质灾害应急防治科学研究

省(市、县)应急管理部门及有关单位要开展地质灾害救灾方法与技术的相关研究。省(市、县)自然资源部门及有关单位应加强对应急调查、应急评估、地质灾害趋势预测、地质灾害气象预报预警等技术的研究。各有关部门及单位要加大对地质灾害预报、预警和应急处置技术研究、开发工作的支持力度和投资，不断提高地质灾害应急工作的科技含量。

3. 建立应急指挥系统

地质灾害应急指挥系统的工作效率对地质灾害应急管理水平有直接性的影响，在大数据分析和智能化技术应用水平不断提升的背景下，建立高度智能化的应急指挥系统，是新时代应急管理的职责和使命(图2-10)。

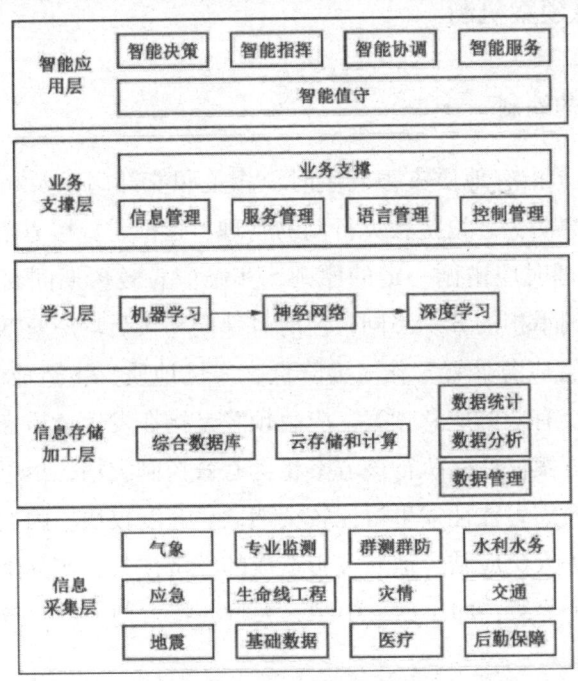

图2-10 地质灾害智能化监测预警和应急指挥系统

(四)资金、物资和装备保障

各政府必须将应急防治费用纳入财政预算,资金使用与管理按相关财政应急保障预案规定执行。

县级以上政府要有必要的抢险救灾专用物资、装备的政府专用储备和市场储备,应急管理部门、自然资源部门和物资管理部门以及交通部门应做好应急物资和装备的备用工作,并保证及时供应。

(五)社会宣传与培训

省(市、县)各级自然资源和应急管理部门充分利用广播电视、报纸和网络等媒体,广泛宣传与突发地质灾害应急工作有关的法律、法规和应急预案,以及预防、避险、自救、互救、减灾等方面的常识,增强全社会预防地质灾害的意识和自救、互救能力。地质灾害专业应急防治和救援队伍要定期组织培训,确保工作人员掌握应急防治和救援的专业知识及基本技能。

六、应急预案机制

(一)预案的编制

应急预案是指有地质灾害发生时,相关职能部门以及相关责任人员实施的一系列紧急防灾、抢险救灾行动的管理、指挥、救援方案。在对地质灾害进行应急处理时应遵循一定的原则,实施应急救援期间需要服从统一指挥,尽管各部门承担的分工不同,但所有部门与人员均应有效协调,以便顺利推进地质灾害应急处置工作。为降低突发性地质灾害造成的伤害和损失,应提前制定切实有效的应急预案,应急预案是指在发生地质灾害时应参照执行的紧急行动方案。严格执行该方案将会有效控制灾情,尽可能减轻人员伤亡。突发性地质灾害往往发生得比较突然,且速度较快。因此应制定完善的应急预案,相关人员应结合地质灾害造成的经济损失、实际险情等因素,将灾害划分为4个等级,即小型、中型、大型、特大型,然后按照其等级制定相应的应急预案。

(二) 应急预案的启动、宣传与演练

地质灾害气象预报预警发布后,在发生地质灾害灾情和险情后,启动应急预案。领导小组成员应迅速赶往现场了解受灾情况,并制定相关的救灾、抢险措施,组织人员开展救援工作。同时做好灾情的报告工作,并对受灾人员开展救助工作。要保证预案能真正起到防灾救灾作用,使人们做到临灾不乱、有序救援与自救,仅制定出相关应急预案是不够的,还需借助媒体、网络、无线通信、短信等方式,让预案涉及的人员、机构都了解并熟悉其内容和相关知识,知道紧急撤离通道、危险和安全区域等。应急预案的演练是验证其可行性、科学性、有效性的重要手段,是进行预案宣传、提高民众危机感的有效措施,应将其作为一项日常性管理工作。各地各有关部门(单位)应在年初制定本年度的突发地质灾害应急演练计划,采取实战演练、桌面推演等多种方式,定期组织防灾人员和受地质灾害威胁的群众开展应急演练,切实提高突发地质灾害应对处置能力。

(三) 预案的管理

省级突发地质灾害应急预案以前由省国土资源行政主管部门制定,现由应急管理部门牵头制定,由省政府批准,省政府办公厅印发施行。区市和县(市、区)应急管理部门要会同有关部门,参照省预案制定本级的突发地质灾害应急预案,报本级政府批准后施行,并报省应急管理主管部门备案。

(四) 预案的更新

预案由应急管理部门定期组织评审,并根据评审结果和突发地质灾害应急防治工作的需要,及时提出修订建议,报政府部门批准后施行。突发地质灾害应急预案的更新期限最长为5年。

七、后期处置机制

(一) 灾情评估

特大型、大型突发地质灾害应急响应终止后,由应急厅组织开展灾情

评估,并会同省级有关部门、事发地市(州)、县(市、区)人民政府,对受灾情况进行调查和核实,评估损失。中型、小型突发地质灾害灾情评估由事发地市(州)、县(市、区)政府有关部门负责落实。

(二) 制定规划

特别重大地质灾害应急处置结束后,按照国务院部署,由国务院有关部门或省人民政府组织编制灾后恢复重建规划;重大、较大、一般地质灾害,由省、市、县人民政府根据实际工作需要,分别组织编制灾后恢复重建规划。

(三) 恢复重建

恢复阶段为应急管理过程的收官时期,对灾区的灾后重建、人民信心恢复、提升应急管理能力起着至关重要的作用。其主要任务是进行总结考评、展开人道援助、开展灾害治理、实施恢复重建等。一次全过程的应急响应,是对整个应急管理体系的全面检验,及时、全面、深度地总结分析是提升应急管理能力的保证,通过分析、查找工作中的不足和问题,考评实施中的成功经验,不断完善应急体制,及时修订更新应急预案,并奖罚相关团体和个人。有效组织管理各种渠道的人道援助和对口支援,加强监督、协调和总体规划,保证援助质量。结合地区发展和长远规划,以最短的时间拿出灾区恢复治理方案,制定并组织实施灾区重建规划区的地质灾害治理,实施恢复重建规划建设。突发地质灾害应对工作结束后,灾害发生地市(州)、县(市、区)人民政府应做好救助、补偿、抚慰、抚恤、安置等工作,并根据灾害损失实际,组织开展灾后恢复重建工作。省级相关单位按照各自职责给予指导,负责职责范围内的恢复重建工作。

(四) 灾害保险

鼓励商业保险公司开通地质灾害保险业务,鼓励企业、团体、组织和公众积极参加地质灾害商业保险和互助保险,不断完善公众灾害补偿保障机制。保险机构要根据灾情主动办理受灾单位、个人的人身和财产保险理赔事项,各相关单位要为保险理赔工作提供便利。

第四节 地质灾害防治的法律法规

一、地质灾害防治法律法规发展历程

1998年，中国国土资源部成立，其中下设地质环境司，管理地质灾害防治等业务，标志着我国地质灾害防治工作步入正轨。

2001年1月27日，国土资源部发布了《地质灾害防治工程施工单位资质管理办法》，这标志着我国地质灾害防治施工工作进入规范化、标准化阶段。

2005年5月12日，国土资源部第1次部务会议通过了《地质灾害危险性评估单位资质管理办法》《地质灾害治理工程勘查设计施工单位资质管理办法》和《地质灾害治理工程监理单位资质管理办法》，于2005年5月20日发布，自2005年7月1日起施行。

2009年，原国土资源部办公厅发布了《国土资源部突发地质灾害应急响应工作方案》，进一步细化地质灾害灾情等级和响应机制、应急保障内容和设施、国土资源部地质灾害应急机构与职责。

2011年，国务院作出《国务院关于加强地质灾害防治工作的决定》，着力解决地质灾害防治工作中存在的主要问题，对地质灾害防治工作进行顶层设计，建立、健全地质灾害防治工作体系，创新工作机制，将地质灾害防治工作纳入政府绩效考核范围。随后，国务院办公厅发出《国务院关于加强地质灾害防治工作决定重点工作分工方案的通知》，将防治工作压实到各级政府、各部门，有力地确保防治工作落到实处。

2014年，原国土资源部发布《地质环境监测管理办法》，完善地质环境监测体制，规范地质监测活动，厘定违法监测法律责任。

2015年5月6日，国土资源部第2次部务会议通过了《国土资源部关于修改〈地质灾害危险性评估单位资质管理办法〉等5部规章的决定》。

2017年，党的"十九大"报告提出，要加强地质灾害防治工作。

2018年，中央财经委员会第三次会议强调，要加强自然灾害防治体系和能力建设，推进自然灾害防治体系和能力的现代化。

2019年7月16日，自然资源部第2次部务会议通过了《自然资源部关于第一批废止和修改的部门规章的决定》。这标志着我国地质灾害危险性评

估工作进入规范化、标准化阶段。

二、我国现行的地质灾害防治法律法规

目前，地质灾害已经成为严重危害人民生命财产安全和工程建设的重大灾害。党中央、国务院高度重视防灾减灾工作，先后多次召开会议，制定一系列国家和地方的地质灾害防治规范与规划。

从1988年起，地质环境监测评价、监督管理和地质灾害防治工作已成为国土资源行政管理部门的一项重要职责。进入21世纪，国家更为重视突发事件应急机制建设，强调提高处理危机事件的能力和依法应对突发事件的能力。2003年下半年以来，我国灾害应急管理立法的步伐明显加快，2003年1月24日国务院第394号令公布了《地质灾害防治条例》，并于2004年3月1日起实施。

《地质灾害防治条例》主要确立了如下3项原则：一是预防为主、避让与治理相结合，全面规划、突出重点的原则；二是自然因素造成的地质灾害，由各级人民政府负责治理，人为因素引发的地质灾害，采用谁引发、谁治理的原则；三是地质灾害防治采用"统一管理，分工协作"的原则；国务院国土资源主管部门负责全国地质灾害防治的组织、协调、指导和监管工作，国务院其他有关部门按照各自职责负责有关的地质灾害防治工作。

《地质灾害防治条例》规定了以下5项主要的法律制度：

(一) 地质灾害调查制度

由国务院国土资源主管部门会同国务院建设、水利、铁路、交通等部门，结合地质环境状况组织开展全国的地质灾害调查。县级以上地方人民政府国土资源主管部门会同同级建设、水利、铁路、交通等部门，结合地质环境状况组织开展本主管区域的地质灾害调查，在调查的基础上编制相应的地质灾害防治规划。

(二) 地质灾害预报制度

预报内容主要包括地质灾害可能发生的时间、地点、成灾范围和影响程度等。地质灾害预报由县级以上人民政府国土资源主管部门会同气象主管

机构发布。任何单位和个人不得擅自向社会发布地质灾害预报。

(三) 地质灾害易发区工程建设地质灾害危险性评估制度

由国务院国土资源主管部门结合地质环境状况组织开展全国的地质灾害调查。县级以上地方人民政府国土资源主管部门会同同级建设、水利、铁路、交通等部门，结合地质环境状况组织开展本主管区域的地质灾害调查，在调查的基础上编制相应的地质灾害防治规划。

(四) 对从事地质灾害危险性评估的单位实行资质管理制度

从事地质灾害危险性评估的单位，必须经省级以上人民政府国土资源主管部门对其资质条件进行审查，合格并取得相应等级的资质证书后，方可在资质等级许可的范围内从事地质灾害危险性评估业务。

(五) 与建设工程配套实施的地质灾害治理工程的"三同时"制度

经评估认可可能引发地质灾害或者可能遭受地质灾害危胁的建设工程，应当配套建设地质灾害治理工程。地质灾害治理工程的设计、施工和验收应与主体工程的设计、施工、验收同时进行。配套的地质灾害治理工程未经验收或者经验收不合格的，主体工程不得投入生产或者使用。此外，条例还明确了违法责任的追究。对违反本条例的行为规定了相应的刑事责任、民事责任和行政责任。

总的来说，从国家层面上，现行的地质灾害防治相关的法律法规主要有：

(1)《中华人民共和国突发事件应对法》(2007年11月)。

(2)《地质灾害防治条例》(2004年3月1日)。

(3)《国务院关于加强地质灾害防治工程的决定》(国发[2011]20号)。

(4)《国务院办公厅印发贯彻落实国务院关于加强地质灾害防治工作决定重点工作分工方案的通知》(国办函[2011]94号)。

(5)《国土资源部关于加强地质灾害危险性评估工作的通知》(国土资发[2004]69号)。

(6)《国土资源部突发地质灾害应急响应工作方案》(国土资发[2009]49号)。

(7)《国土资源部关于开展地质灾害群测群防"十有县"建设的通知》(国

土资发 [2009]46 号)。

(8)《地质灾害危险性评估单位资质管理办法》(国土资源部令第 29 号,自 2005 年 7 月 1 日起实施)。

(9)《地质灾害治理工程勘查设计施工单位资质管理办法》(国土资源部令第 30 号,自 2005 年 7 月 1 日起实施)。

(10)《地质灾害治理工程监理单位资质管理办法》(国土资源部令第 31 号,自 2005 年 7 月 1 日起实施)。

(11)《国家突发地质灾害应急预案》(2006 年 3 月 16 日实施)。

当前,全国几乎所有省(区、市)都颁布了与地质灾害防治有关的地方性法规或规章,地质灾害防治工作也逐渐规范化、法制化。此外,国务院有关部门还制定了《关于加强地质灾害防治工作的意见》《地质灾害防治管理办法》《关于建立全国汛期地质灾害防治应急指挥系统的通知》等规章和规范性文件,对地质灾害防治工作提出了许多具体要求。

三、新时代《地质灾害防治条例》的修订

在 2018 年新一轮政府机构改革中,自然资源部和应急管理部的改革对地质灾害防治体系影响较大。机构改革和职能的转变,使地质灾害防治的部门职责及功能发生了重大变化和重复,特别是作为地质灾害防治工作的最高指导准则的《地质灾害防治条例》(2004 年 3 月 1 日起施行,以下简称《条例》)亟须修改。

《条例》作为我国开展地质灾害防治工作的重要法律规范,是推进"一案三制"减灾防灾体系法制化建设的重要抓手,应当对多主体的权利、义务、责任清晰界定,对权责规定笼统、模糊的地方精细化设计,通过制度设计构建多元共治的良好局面。及时修改《条例》以构建职权清晰、关系协调、规范有序的地质灾害防治工作是治理体系现代化的侧面写照。

未来《条例》修改重点要解决以下 4 个问题:

(一)构建权责清晰、关系协调的防治体系

在地质灾害"分级分类、属地管理"的指导思想下,制度体制的设计应当明确主体职能与权限范围。地方政府作为灾害风险属地管理的主要机构,

承担主体责任。自然资源部及各地方自然资源主管部门发挥组织、协调、指导和监督的作用。应急管理部负责灾害应急预案的编制、演练,发挥救援、指导和协调的作用。应急管理部会同自然资源部、水利部、中国气象局、国家林业和草原局等有关部门建立统一的应急管理信息平台,建立监测预警和灾情报告制度。机构改革是部门职能重塑的契机,但同时也是挑战。地质灾害防治事权的划分应当严格按照《国务院行政机构设置和编制管理条例》明确组织构成、职能权力、人员配置,防止机构无序扩张。地质灾害的防治已日益凸显多元共治的合力效益,如群测群防体制在灾害发现、预警、救援过程中发挥着重要的作用。然而,在地质灾害防治中,如何妥善协调各主体权责,如何避免"多元共治"走向"九龙治水",有赖于法律制度的约束。

(二) 加强风险管理的制度设计

现有的地质灾害危险性评估制度主要作为人为活动的风险预防原则体现在《条例》中,存在一定的局限性,无法发挥危险性评估在整个地质灾害防治各环节的风险管理作用。因此,《条例》修改时应当加强危险性评估的适用范围。在预防自然灾害时,应加强环境保护法律的实施,减少人为原因造成的自然环境破坏,从而尽可能消除地质灾害的孕灾环境。现有制度对风险管理理念的吸收仍有完善的空间,在修改《条例》时应当进一步加强。监测网络的建设需要资金保障,中央和地方在地质灾害调查和监测预警项目的划分上确定纳入各自的财政保障体系。

(三) 细化应急预案管理

还原预案作为执行方案的本源,避免预案的法律化、原则化、抽象化倾向。回归预案的目标定位,改变"立法滞后,预案先行"的恶性循环。在预案管理中应当谨防地方和部门预案制定的"文本复制"主义。地方、部门的预案应实行差异化管理,形成科学、合理的应急预案。避免数字化预案管理的迷失,加强预案演练和检验。

(四) 强化事中、事后和社会监管

按照"放管服"的改革理念,精简行政许可和变相审批,有助于进一步减少市场束缚，释放市场活力。但"放"并不意味着"不管"，如何将监管后移，让市场发挥作用，就需要更新监管理念和方式。

与此同时，以《条例》修改为契机，将风险分析与评估贯穿到灾害防治的各环节，增强减灾防灾的科学性和合理性；将预案中涉及权利（力）设定的事项放到《条例》中规定，还原预案的目标定位；监管时期向事中、事后偏移，注重过程和质量监管以呼应"放管服"改革背景。

第三章　地面变形地质灾害及防治

地面变形地质灾害包括滑坡、崩塌、黄土湿陷、冻融、地裂缝、地面沉降等各种类型，这些类型地质灾害均可引起地面形态发生改变。本章主要论述狭义上的地面变形地质灾害及防治，即对人类及其生存环境具有危害且分布范围广的地面沉降、地裂缝和地面塌陷。

第一节　地面变形地质灾害的概念

从广义上讲，地面变形地质灾害是指因内、外动力地质作用和人类活动而使地面形态发生变形破坏，造成经济损失和(或)人员伤亡的现象与过程。例如，构造运动引起的山地抬升和盆地下沉等，抽取地下水、开采地下矿产等人类活动造成的地裂缝、地面沉降和塌陷等。从狭义上讲，地面变形地质灾害主要是指地面沉降、地裂缝和岩溶地面塌陷等以地面垂直变形破坏或地面标高改变为主的地质灾害。

随着人类活动的加强，人为因素已经成为地面变形地质灾害的重要原因。所以，在发展经济、进行大规模建设和矿产开采的过程中，必须对地面变形地质灾害及其可能造成的危害有充分的认识，加强地面变形地质灾害的成因、预测和防治措施的研究，从而有效减轻地面变形地质灾害造成的经济损失。

地面变形地质灾害具有成因复杂、发生突然、破坏程度高及影响范围广等特点。地面变形地质灾害的形成原因可分为自然因素和人为因素两大类。构造运动、火山喷发、地震等均可引起地面变形地质灾害。人类活动的影响使地面变形地质灾害的类型更加复杂，开采地下矿产、修建地下工程、筑路架桥、城市建设、农业活动等都在改变着地表的形态，战争中的炸弹轰炸也使原始地面形状发生很大的变化。可以说，地面变形成因复杂、种类繁多。

地面变形地质灾害研究的对象主要是对人类社会构成较大危害并造成经济损失或人员伤亡的地面变形类型。地面变形分类可从变形形式和成因两个方面来考虑。按照变形的主要方式，可以将地面变形分为地面沉降、地面塌陷、地裂缝、渗透变形、特殊岩土胀缩变形等。

地面变形地质灾害的成因分类比较复杂，一个地区的地质环境、地形地貌、植被类型、人类工程活动等对于地面变形的产生都有重要的影响。可以说，各种内、外动力地质作用都能够改变地面的形态，有些地面变形是多因素共同作用的结果。主要的地面变形成因类型有内动力地面变形、水动力地面变形、重力地面变形和人类活动诱发地面变形等。内动力地面变形主要有地震裂缝、地震塌陷、构造地裂缝、火山地面变形等。水动力地面变形是指由地表水和地下水运动引起的地面变形，如由江、河、湖、海波浪和水流冲蚀而形成的边岸再造，岩溶水动态变化造成的岩溶塌陷，过量开采地下水引起的地面沉降及斜坡坡面流水引起的地面冲刷等。重力地面变形是指在岩土体自身重力作用下发生的地面变形，如崩塌、滑塌、滑坡、黄土湿陷等。人类活动诱发的地面变形种类最多，如修路开挖边坡、采矿地面塌陷、城市建设平整土地、农业活动中的梯田改造等。

地面变形地质灾害在世界各地均有分布。我国国土辽阔，地质条件复杂，从西部地区的高山、高原，中部地区的低山丘陵，到东部地区的冲积平原和沿海低地，地形变化很大；气候从南向北由热带、亚热带和温带直到寒温带，湿度变化和雨量差别极大；社会经济发展和人类工程活动的区域性差异也很大。这些因素决定了我国地面变形地质灾害具有明显的地带性分布规律。

我国东部地势低平，多为平原和丘陵区，加之东部地区人口密集、经济发达、人类活动强烈，因而地面变形地质灾害比较严重。根据地面变形类型，我国东部地区可分为长白山、燕山山地、松辽平原地面塌陷灾害区；华北平原、长江中下游平原地面沉降、地面塌陷灾害区；东南沿海丘陵特殊岩土变形和地面塌陷灾害区；台湾地震、地面沉降主灾害区。

我国中部地区为黄土高原和中低山，有黄土高原湿陷、地裂缝、地面沉降塌陷灾害区；秦岭、川鄂和横断山地区地面塌陷灾害区；长江上游平原、云贵高原岩溶塌陷区。我国的黄土高原为世界上面积最大、土层最厚的黄土高原，黄土湿陷、黄土冲刷和地裂缝均十分发育。

我国西部地区以高山、高原为主，内陆盆地位于其间，地形及气候变化大，但人烟稀少，塌陷造成的损失也较小，可分为内蒙古高原、准噶尔盆地、塔里木盆地土地沙化和盐渍化地面变形地质灾害区；天山、昆仑山地震地面变形灾害区；大兴安岭北段山地冻融塌陷灾害区；青藏高原山地岩土冻融、地震塌陷灾害区。

第二节 地面沉降灾害及防治

一、地面沉降的概念

地面沉降是在自然人为因素作用下，地壳表层土体压缩而导致区域性地面标高降低的一种环境地质现象。

广义的地面沉降指在自然因素和人为因素影响下形成的地表垂直下降现象。导致地面沉降的自然因素主要是构造升降运动及地震、火山活动等；人为因素主要是开采地下水和油气资源及局部性增加荷载。自然因素所形成的地面沉降范围大，速率小；人为因素引起的地面沉降一般范围较小，但速率和幅度比较大。一般情况下，把自然因素引起的地面沉降归属于地壳形变或构造运动的范畴，作为一种自然动力现象加以研究；而将人为因素引起的地面沉降归属于地质灾害现象进行研究和防治。

狭义的地面沉降是指人为因素引起的地面沉降，即某一区域内由于开采地下水或其他地下流体导致的地表浅部松散沉积物压实或压密引起的地面标高下降的现象，又称作地面下沉或地陷。

二、地面沉降的成因与形成条件

（一）地面沉降的成因

地面沉降可归纳为三种类型：①内陆盆地型，如波兰的莱格纳卡盆地，中国内蒙古的呼和浩特和山西的大同；②冲积洪积平原型，如日本的佐贺，中国河南的郑州和安徽的阜阳；③沿海三角洲和滨海平原型，如意大利的波河三角洲，中国的上海和天津，这也是国内外地面沉降的主要地区，也是最严重的地区。

地面沉降成因主要包括矿产资源开发、地壳活动、海平面上升、地表荷载影响及自然作用等。

1. 矿产资源开发

其主要包括固体（煤、盐岩、金属矿产）、液体（石油、地下水）和气体（天然气）等矿产资源的开发活动。波兰的莱格纳卡铜矿是世界上最大的铜矿，铜矿开采大量排水，造成地面最大沉降量达0.8m；吐斯拉城岩盐矿经过近百年的开采，盐水层水压力下降，地面最大沉降量达10m。据统计，80%的地面沉降是由地下水开采引起的，如意大利的威尼斯、墨西哥的墨西哥城、日本的东京及中国的上海、宁波等。

2. 地壳活动

地壳活动包括火山喷发、地震、断裂构造影响等。日本神户地震引起砂土液化，导致地面严重沉降，最大沉降量达4.7m。意大利波河平原构造引起的地面沉降速率为2mm/a。

3. 海平面上升

联合国政府间气候变化专门委员会在评价报告中，认为全球海平面在过去100年间平均上升速率为1.8mm/a。近年来，中国国家海洋局研究成果显示，上升速率增至2.1~2.3mm/a，海平面呈加速上升趋势。

4. 地表荷载影响

地表建筑物和交通工具等动、静荷载的影响，造成区域性地面沉降。

5. 自然作用

自然作用包括土层自重固结、有机质氧化等。地面沉降范围与泥炭沉积层分布相一致，该地区地面沉降主要与泥炭层生物氧化、土层自重固结和人为排水固结等有关。

（二）地面沉降的形成条件

大量的研究证明，过量开采地下水是地面沉降的外部原因，中等、高压缩性黏土层和承压含水层的存在则是地面沉降的内部原因。多数人认为，沉降是由于过量开采地下水、石油和天然气、卤水以及高大建筑物的超量荷载等引起的。

在孔隙水承压含水层中，抽取地下水所引起的承压水位的降低，必然要使含水层本身及其上、下相对隔水层中的孔隙水压力随之而减小。根据有效应力原理可知，土层中由覆盖层荷载引起的总应力是由孔隙中的水和土颗粒骨架共同承担的。假定抽水过程中土层内部应力不变，那么孔隙水压力的减小必然导致土层中有效应力等量增大，结果就会引起孔隙体积减小，从而使土层压缩。

从地质条件看，疏松的多层含水层体系、水量丰富的承压含水层、开采层影响范围内正常固结或欠固结的可压缩性厚层黏性土层等的存在都有助于地面沉降的形成。从土层内的应力转变条件来看，承压水位大幅度波动式的持续降低是造成范围不断扩大累进性应力转变的必要前提。

1. 厚层松散细粒土层的存在

地面沉降主要是抽采地下流体引起土层压缩产生的，厚层松散细粒土层的存在则构成了地面沉降的物质基础。在广大的平原、山前倾斜平原、山间河谷盆地、滨海地区及河口三角洲等地区分布有很厚的第四系等松散或未固结的沉积物，因此，地面沉降多发生于这些地区。例如，在滨海三角洲平原，第四纪地层中含有比较厚的淤泥质黏土，呈软塑状态或流动状态。这些淤泥质黏性土的含水量可超过60%，孔隙比大、强度低、压缩性强，易于发生塑性流变。当大量抽取地下水时，含水层中地下水压力降低，淤泥质黏土隔水层孔隙中的弱结合水压力差加大，使孔隙水流入含水层，有效压力加大，结果发生黏性土层的压缩变形。

易于发生地面沉降的地质结构为砂层、黏土层互层的松散土层结构。随着抽取地下水，承压水位降低，含水层本身及其上、下相对隔水层中孔隙水压力减小，地层压缩导致地面发生沉降。

2. 长期过量开采地下流体

未抽取地下水时，黏性土隔水层或弱隔水层中的水压力与含水层中的水压力处于平衡状态。抽水过程中，由于含水层的水头降低，上、下隔水层中的孔隙水压力较高，因而向含水层排出部分孔隙水，结果使上、下隔水层的水压力降低。在上覆土体压力不变的情况下，黏土层的有效应力加大，地层受到压缩，孔隙体积减小。这就是黏土层的压缩过程。

因为抽取地下水，在井孔周围形成水位下降漏斗，承压含水层的水压力下降，即支撑上覆岩层的孔隙水压力减小，这部分压力转移到含水层的颗粒上，所以，含水层因有效应力加大而受压缩，孔隙体积减小，排出部分孔隙水。这就是含水层压缩的机理。

地面沉降与地下水开采量和动态变化有着密切联系：地面沉降中心与地下水开采漏斗中心区呈明显一致性；地面沉降区与地下水集中开采区域大体相吻合；地面沉降量等值线展布方向与地下水开采漏斗等值线展布方向基本一致，地面沉降的速率与地下液体的开采量和开采速率有良好的对应关系；地面沉降量及各单层的压密量与承压水位的变化密切相关。

很多地区已经通过人工回灌或限制地下水的开采来恢复和抬高地下水位的办法，其控制了地面沉降的发展，甚至有些地区还使地面有所回升。这就更进一步证实了地面沉降与开采地下液体引起水位或液压下降之间的成因联系。

3. 新构造运动的影响

平原、河谷盆地等低洼地貌单元多是新构造运动的下降区，所以，由新构造运动引起的区域性下沉对地面沉降的持续发展也具有一定的影响。

西安地面沉降区位于西安断陷区的东缘，由于长期下沉，新生界累计厚度已经超过3000m。渭河盆地大地水准测量表明，西安的断陷活动仍在继续，在北部边界渭河断裂及东南部边界临潼——长安断裂测得的平均活动速率分别为3.37mm/a和3.98mm/a，构造下沉约占同期各沉降中心部位沉降速率的3.1%~7.0%。

4. 城市建设对地面沉降的影响

相对于抽采地下流体和构造运动引起的地面下沉，城市建设造成的地面沉降是局部的，有时也是不可逆转的。城市建设按施工对地基的影响方式可分为以水平方向为主和以垂直方向为主两种类型。水平方向为主以重大市政工程为代表，如地铁、隧道、给水排水工程、道路改扩建等，利用开挖或盾构掘进，并铺设各种市政管线。垂直方向为主以高层建筑基础工程为代表，如基坑开挖、降排水、沉桩等。沉降效应较为明显的工程措施有开挖、降排水、盾构掘进、沉桩等。若揭露有流沙性质的饱水砂层或具流变特性的饱和淤泥质软土，在开挖深度和面积较大的基坑时，则有可能造成支护结构失稳，从而导致基坑周边地区地面沉降。而规模较大的隧道、涵洞的开挖有时具有更显著的沉降效应。降排水常作为基坑等开挖工程的配套工程措施，旨在预先疏干作业面渗水，其机理与抽取地下水引发地面沉降一致。

城市建设施工造成的沉降与工程施工进度密切相关，沉降主要集中于浅部工程活动相对频繁和集中的地层中，与开采地下水引起的沉降主要发生在深部含水砂层有根本区别。

三、地面沉降的分布规律

地面沉降灾害在全球各地均有发生。由于工农业生产的发展、人口的剧增及城市规模的扩大，大量抽取地下水引起了强烈的地面沉降，特别是在大型沉积盆地和沿海平原地区，地面沉降灾害更加严重。石油、天然气的开采也可造成大规模的地面沉降灾害。

目前，世界上已有50多个国家和地区发生地面沉降，较严重的国家为日本、美国、墨西哥、意大利、泰国和中国等。1921年，自从上海出现地面沉降以来，目前中国已有上海、天津、江苏、浙江、陕西等16个省（自治区、直辖市共46个城市（地段）、县城出现了地面沉降问题，总沉降面积达48.7万km^2。从沉降面积和沉降中心最大累积降深来看，以天津、上海、苏锡常、沧州、西安、阜阳、太原等城市及地区较为严重，最大累积沉降量均在1m以上。如果按最大沉降速率来衡量，天津（最大沉降速率为80mm/a）、安徽阜阳（沉降速率为60~110m/a）和山西太原（最大沉降速率为114mm/a）等地的地面沉降发展趋势最为严峻。

中国地面沉降的地域分布具有明显的地带性，主要位于厚层松散堆积物分布地区。

（一）大型河流三角洲及沿海平原区

其主要分布在长江、黄河、海河及辽河下游平原和河口三角洲地区。这些地区的第四纪沉积层厚度大，固结程度差，颗粒细，层次多，压缩性强；地下水含水层多，补给径流条件差，开采时间长，强度大；城镇密集、人口多,工农业生产发达。这些地区的地面沉降首先从城市地下水开采中心开始形成沉降漏斗,进而向外围扩展,从而形成以城镇为中心的大面积沉降区。

(二) 小型河流三角洲区

其主要分布在东南沿海地区,第四纪沉积厚度不大,以海陆交互的黏土层和砂层为主,土层压缩性相对较小。地下水开采主要集中于局部的富水地段。地面沉降范围一般比较小,主要集中于地下水降落漏斗中心附近。

(三) 山前冲洪积扇及倾斜平原区

其主要分布在燕山和太行山山前倾斜平原区,以北京、保定、邯郸、郑州及安阳市等大、中城市最为严重。该区第四纪沉积层以冲积、洪积形成的砂层为主;区内城市人口众多、城镇密集,工农业生产集中;地下水开采强度大、地下水位下降幅度大。地面沉降主要发生在地下水集中开采区,沉降范围由开采范围决定。

(四) 山间盆地和河流谷地区

其主要分布在陕西省的渭河盆地及山西省的汾河谷地,以及一些小型山间盆地内,如西安、咸阳、太原、运城、临汾等城市。第四纪沉积物沿河流两侧呈条带状分布,以冲积砂土、黏性土为主,厚度变化大;地下水补给、径流条件好;构造运动表现为强烈的持续断陷或下陷。地面沉降范围主要发生在地下水降落漏斗区。

四、地面沉降的危害

地面沉降所造成的破坏和影响是多方面的,涉及资源利用、经济发展、环境保护、社会生活、农业耕作、工业生产、城市建设等各个领域。其主要危害表现为地面标高损失,继而造成雨季地表积水,防泄洪能力下降;沿海城市低地面积扩大、海堤高度下降而引起海水倒灌;海港建筑物破坏,其装卸能力降低;地面运输线和地下管线扭曲断裂;城市建筑物基础下沉脱空开裂;桥梁净空减小,影响通航;深井井管上升,井台破坏,城市供水及排水系统失效;农村低洼地区洪涝积水,使农作物减产等。地面沉降造成的损失是综合的，危害是长期的、永久的，其危害程度也是逐年增加的。

(一) 滨海城市海水侵袭

世界上有许多沿海城市，如日本的东京市、大阪市和新市，美国的长滩市，中国的上海市、天津市、台北市等，由于地面沉降致使部分地区地面标高降低，甚至低于海平面。这些城市经常遭受海水的侵袭，严重危害当地的生产和生活。为了防止海潮的威胁，人们不得不投入巨资加高地面或修筑防洪墙或护岸堤。

中国上海市的黄浦江和苏州河沿岸，由于地面下沉，海水经常倒灌，影响沿江交通，威胁码头仓库。虽然风暴潮是气象方面的因素引起的，但地面沉降损失近3m的地面标高也是海水倒灌的重要原因。地面沉降也使内陆平原城市或地区遭受洪水灾害的频数增多、危害程度加重。可以说，低洼地区洪涝灾害是地面沉降的主要致灾特征。

(二) 港口设施失效

地面下沉使码头失去效用，港口货物装卸能力下降。美国的长滩市，因地面下沉而使港口码头报废。中国上海市海轮停靠的码头，高潮时江水涌上地面，货物装卸被迫停顿。

(三) 桥墩下沉，影响航运

桥墩随地面沉降而下沉，使桥下净空减小，导致水上交通受阻。上海市的苏州河，原先每天可通过大小船只2000条，航运量达100万~120万 t。由于地面沉降，桥下净空减小，大船无法通航，中小船通航也受到影响。

(四) 地基不均匀下沉，建筑物开裂倒塌

地面沉降往往使地面和地下建筑遭受巨大的破坏，如建筑物墙壁开裂或倒塌、高楼脱空，深井井管上升、井台破坏，桥墩不均匀下沉，自来水管弯裂漏水等。例如，美国内华达州的拉斯维加斯市，因地面沉降加剧，建筑物损坏数量剧增；中国江阴市河塘镇地面塌陷，出现长达150m以上的沉降带，造成房屋墙壁开裂、楼板松动、横梁倾斜、地面凹凸不平，约5800m³

建筑物成为危房，一座幼儿园和部分居民已被迫搬迁。

地面沉降强烈的地区，伴生的水平位移有时也很大，如美国长滩市地面垂直沉降伴生的水平位移最大达到3m，不均匀水平位移所造成的巨大剪切力，使路面变形、铁轨扭曲、桥墩移动、墙壁错断倒塌、高楼支柱和行架弯扭断裂、油井及其他管道破坏。

中国福州市温泉区的地面沉降导致建筑物不均匀沉降，造成建筑物构件及整体性的破坏，影响建筑物正常使用，如该地某保险公司10层办公大楼；地面沉降造成区域性洼地，易形成大面积积水，如该地华林路—温泉路一带，造成交通堵塞，影响城市居民的正常生活，地面沉降也造成输水、排水、输电管网的扭断、错开，如海山宾馆大楼曾发生输水、输电管网被扭断，影响其正常营业。

五、地面沉降类型

(一) 按发生地面沉降的地质环境划分

(1) 现代冲积平原模式，如我国的东北平原、华北平原、长江中下游平原。

(2) 三角洲平原模式，尤其是在现代冲积三角洲平原地区，如长江三角洲就属于这种类型。常州、无锡、苏州、嘉兴、萧山的地面沉降均发生在这种地质环境中。

(3) 断陷盆地模式，其又可分为近海式和内陆式两类。近海式指滨海平原，如宁波；内陆式则为湖冲积平原，如西安市、大同市。

不同地质环境模式的地面沉降具有不同的规律和特点，在研究方法和预测模型方面也有所不同。

(二) 按地面沉降发生的原因划分

(1) 基坑工程降水、抽汲地下水引起的地面沉降；

(2) 采掘固体矿产引起的地面沉降；

(3) 开采石油、天然气引起的地面沉降；

(4) 抽汲卤水引起的地面沉降。

六、地面沉降工程地质勘查

(一) 主要任务

(1) 了解地面沉降灾害区的地质背景 (地层岩性、地质构造、水文地质、工程地质特征等)。

(2) 查明或基本查明地面沉降灾害的分布范围、分布规律、危害程度；开展航片和卫片的地面沉降解译，实地验证航片、卫片的解译情况。

(3) 分析地面沉降灾害的影响因素 (自然因素及人为因素)、形成条件及其成因机理。

(二) 调查范围

依据地质环境条件、地下液态资源开发利用现状和规划、地面沉降灾害发育程度，以及社会经济发展重要程度等综合因素，确定地面沉降调查范围。

(1) 对发生过，如井口抬升、桥洞净空减少、房屋开裂等地面沉降现象较集中的区域展开重点调查。

(2) 根据工作需要，适当扩大到已知地面沉降范围以外的区域。

(3) 在有采矿活动、农田灌溉活动、大量抽汲地下水的地段，必须在现场通过访问、调查，查明是否曾经发生过地面沉降现象，并详细记录，标记在图上。

(三) 调查内容

1. 地面沉降区地下水动态调查

调查与监测的内容包括地下水水位、水量资料；与地下水有密切联系的地表水体的监测资料；重点调查地下水水位下降漏斗的形成特点、分布范围、发展趋势及其对已有建筑物的影响。

2. 建筑物破坏情况调查

首先查看地下水开采量强度大、地下水位降深幅度也大的地段的开采井泵房，调查地面、墙壁有无裂缝、井管较地面有无上升、房屋有无变形等，然后逐渐向四周扩展，查看地面建筑物有无损坏，并调查建筑物年限。

3. 地下管道破裂调查

对供水管线应查看地面是否潮湿、冒水；冬季是否常年结冰。煤气管道检测是否有异味，居民用气量是否充足等。

4. 雨季淹没调查

调查淹没损失、淹没设施名称、淹没面积、淹没水深，对比分析本次降水量大小及历史同等降水量淹没情况和相应的地面变形情况。若在相同的降水、风力、风向及排水条件下出现洼地积水，河水越堤，海水淹没码头、工厂等，则应属于地面沉降所致。

5. 风暴潮调查

在发生过风暴潮的地区开展风暴潮的频率、潮位和经济损失调查，在有条件的地区开展经济损失评估；开展河堤、桥梁等的变化调查。

6. 相关调查与资料分析

调查第四系松散堆积物的岩性、厚度和埋藏条件，收集和分析不同地区地下水埋藏深度和承压性，各含水层之间及其与地表水之间的水力联系资料。

7. 地面沉降灾害和对环境的影响调查

采用现场踏勘和访问的方法，对建筑设施的变形、倾斜、裂缝的发生时间和发展过程及规模程度等详细记录，同时了解被破坏建筑设施附近水源井的分布、抽水量及地面沉降的情况。

(四) 资料收集和分析

在开展调查与监测的过程中应进行有关资料的收集，包括城市1：10000或1：50000交通图和地形图、沉降区水文地质工程地质勘查资料、水资源管理方面的资料、市政规划现状及远景资料、沉降区内国家水准网点资料、城市测量网点资料、井、泉点的历史记录及历史水准点资料、研究沉降区水文地质工程地质条件、历年水资源开采情况、已有的监测情况、地面沉降类型及沉降程度。分析地面沉降的原因、沉降机制，估算地面沉降的速率，划分出沉降范围及沉降中心，尽可能编制出地面沉降现状图，作为监测网点布设的原则依据。在资料相对缺乏的沉降区，可布置适当的调查与勘查工作量，以达到布设监测网络的要求为准则。

七、地面沉降的监测和预测

(一) 地面沉降的监测

我国是地面沉降较为严重的国家,已经陆续发现具有不同程度的区域性地面沉降的城市有70多个。可能还有一些城市虽已发生地面沉降,但因没有进行全国性的全面的城市地面高程的精密测量,所以还不能对我国地面沉降进行全面的评估。因此,加强全国性的地面沉降普查工作,查明引起地面沉降的主导因素,有利于预测未来可能发生的地面沉降灾害,才能有目的地对一些重点地区进行监测,并提出合理的预防治理措施。

通过对调查区的地下水动态、地层应力状态、土层变形和地面沉降等的定期监测,取得实测动态变化数据,以便为地面沉降分析、预测及制定防护措施提供依据。为了掌握地面沉降的规律和特点,合理拟定控制地面沉降的措施,其研究工作应包括下述内容。

1. 地下水动态监测

地下水动态监测内容有:地下水开采量、人工回灌量、地下水位、水温和水质等。

2. 孔隙水压力监测

孔隙水压力的分布反映了土体在现场的应力状态,为了研究采灌过程中土体压密与膨胀的机理过程,确定在复杂的水位变化条件下沉降计算时的初始应力条件和土性指标的反算,必须进行孔隙水压力量测。

根据孔隙水压力监测资料可绘制出孔隙水压力随深度的历时变化曲线,并应用于分析孔隙水压力与土层变形的规律,反算土层的压缩性参数,还可应用于实测的孔隙水压力资料计算标点的地面沉降。

3. 土层变形监测

(1) 土层变形监测是通过对不同埋设深度的分层标进行定期测量。这是一种高精度的相对水准测量,施测精度应达到国家一等水准测量的要求。

(2) 在有基岩标的地区,以基岩标为基点,或者以最深的分层标作为基点,定期测量各分层标相对于基点的高差变化,以计算土层的分层变形量。

(3) 监测周期:一般对主要的分层标组每10天测量1次,其他分层标组每30天测量1次。

（4）资料整理：分层标测量结束后，应计算本次沉降量、累计沉降量和各土层的变形量。

4. 地面沉降监测

地面沉降监测，即面积性水准测量，比较不同时期的水准测量成果，获得各水准点的高程升降变量和沉降区内地面沉降的全貌动态。

（1）地面沉降监测高程网布设原则：①证实城市有地面沉降时，宜改建原有城市高程网，使其适应地面沉降监测的要求。②尽量利用原有城市水准网，即用于城市地面沉降监测的水准网（简称沉降网），其水准路线的走向及点位宜与城市原有水准网的线、点重合，以保持资料的连续性和可比性。③必要时可调整城市水准网的路线，或在局部地区布设专用的沉降网。

（2）沉降点密度与复测周期：根据城市各地区的水文地质、工程地质条件和年均沉降量，划分若干个沉降区。不同沉降区，其沉降点（即地面沉降监测水准点）的密度和复测周期也不同。沉降点的密度亦可根据地面沉降勘查所选择的图件比例尺而定，当采用1：50000图件时，沉降点平均密度为每平方千米1.5个点，沉降中心等重点地段加密至每平方千米2.0个点。

5. 沉降监测时间和监测精度

（1）地面沉降监测的时间应选择在年内沉降速度最缓、地面沉降变量对监测精度影响最小的时间。

（2）在地面沉降较缓的时期或地区，可按一等或二等水准测量的要求进行监测。

（3）在地面沉降发展距离、沉降速度较大的时期或地区，可按二等、三等或四等水准测量的要求进行监测。

6. 沉降监测资料整理

（1）进行水准网平差与插线高程计算，求得各水准点的沉降量，并填表登记。

（2）确定等值线间距（不小于最弱点中误差值），编制沉降量等值线。

（3）以面积为"权"，应用加权平均法计算各沉降区的年均沉降量。

(二)地面沉降趋势的预测

虽然地面沉降可导致房屋墙壁开裂、楼房因地基下沉而脱空和地表积水等灾害,但其发生、发展过程比较缓慢,属于一种渐进性地质灾害,所以,对地面沉降灾害只能预测其发展趋势,根据地面沉降的活动条件和发展趋势,预测地面沉降速度、幅度、范围及可能产生的危害。目前,地面沉降预测计算模型主要有两种。

(1)土水模型由水位预测模型和土力学模型两部分构成,可利用相关法、解析法和数值法等地下水水位进行预测分析;土力学模型包括含水层弹性计算模型、黏性土层最终沉降量模型、太沙基固结模型、流变固结模型、比奥固结理论模型、弹塑性固结模型、回归计算模型及半理论、半经验模型(如单位变形量法等)和最优化计算法等。

(2)生命旋回模型主要从地面沉降的整个发展过程来考虑,直接由沉降量与时间之间的相关关系构成,如油松旋固模型、弗赫斯特(Verhulst)模型和灰色预测模型等。

晏同珍用动力学和数学方法预测了西安市的地面沉降周期趋势,并绘制了动力曲线图,得出地面沉降周期均为25年的结论。根据地面沉降周期预测,其认为西安市1992~1996年地面沉降达到峰值,此后将显著减缓,2050年地面沉降威胁结束。

八、地面沉降防治

地面沉降主要由新构造运动或海平面相对上升而引起的地区,应根据地面沉降或海面上升速率和使用年限等,采取预留高程措施。在古河道新近沉积分布区,对可发生地震液化塌陷地带,可采取挤密碎石桩,强夯或固化液化层等工程措施。在欠固结土分布和厚层软土上大面积回填堆载地区,可采用强夯、真空预压或固化软土等措施。对因过量开采地下水而引起的地面沉降,则应采取控制地下水开采量,调整开采层次,开展人工回灌,开辟新的供水水源等综合措施。

防治措施可分为监测预测措施、控沉措施、防护措施和避灾措施。

(一) 监测预测措施

首先要加强地面沉降调查与监测工作,基本方法是设置分层标、基岩标、孔隙水压力标、水准点、水动态监测点、海平面监测点等,定期进行水准测量,并进行地下水开采量、地下水位、地下水压力、地下水水质监测及回灌监测等。其次区域控制不同水文地质单元,重点监测地面沉降中心、重点城市及海岸带。查明地面沉降及致灾现状,研究沉降机理,找出沉降规律,预测地面沉降速度、幅度、范围及可能的危害,为控沉减灾提供科学依据并且建立预警机制。

(二) 控沉措施

(1) 根据水资源条件,限制地下水开采量,防止地下水水位大幅度持续下降,控制地下水降落漏斗规模。从1966年起,上海市开始限采地下水,向地层回灌自来水,"冬灌夏用""夏灌冬用",以地下含水层储能及开采深部含水层等众多措施将地面沉降稳住,1966~1971年其地面标高还出现了3mm回弹。上海市过去地下水取水点很多,现在已经大量压缩。上海市采取控制地下水开采和地下水人工回灌两大措施,使上海市地面沉降从历史最高的年沉降量110mm,下降至目前的年沉降量10mm左右。

(2) 根据地下水资源的分布情况,合理选择开采区,调整开采层和开采时间,避免开采地区、层位、时间过分集中。

(3) 人工回灌地下水,补充地下水水量,提高地下水水位。

(三) 防护措施

地面沉降除有时会引起工程建筑不均匀沉降外,还会引起沉降区地面高程降低,从而导致积洪滞涝、海水入侵等次生灾害。针对这些次生灾害,采取的主要防护措施是修建或加高加固防洪堤、防潮堤、防洪闸、防潮闸及疏导河道、兴建排洪排涝工程,垫高建设场地,适当增加地下管网强度等。

(四) 避灾措施

搞好规划,一些对地面沉降比较敏感的新扩建工程项目要尽量避开地面沉降严重和潜在的沉降隐患地带，以免造成不必要的损失。

对城市建设来说，不仅要研究城市化建设产生和加剧地面沉降的原因，而且更要研究地面沉降对城市建设和发展的影响和危害。在城市规划、工业布局、市政建设、大型建筑物的设计和建造中，必须慎重考虑地面沉降这一重要因素。此外，在城市化建设中，城市地下水资源开发利用必须充分体现保护自然资源和生态环境持续利用的生态观、促进区域经济增长的发展观和确保地区社会进步的文明观，使得资源利用、环境保护、经济发展和社会进步达到有机协调，确保地区经济和社会可持续发展。

第三节　地裂缝灾害及防治

一、地裂缝的概念与特征

(一)地裂缝的概念

地裂缝是地表岩层、土体在自然因素（地壳活动、水的作用等）或人为因素（抽水、灌溉、开挖等）作用下产生开裂，并在地面形成一定长度和宽度的裂缝的一种地质现象。有时地裂缝活动同地震活动有关，或为地震前兆现象之一，或为地震在地面的残留变形，后者又称地震裂缝。当这种现象发生在有人类活动的地区时，便可成为一种地质灾害。

地裂缝是一种独特的城市地质灾害。自20世纪50年代后期发现，1976年唐山大地震以后活动明显加强，特别是进入80年代以来，过量抽汲承压水导致的地裂缝两侧不均匀地面沉降进一步加剧了地裂缝的活动。地裂缝所经之处，地面及地下各类建筑物开裂，破坏路面，错断地下供水、输气管道，危及一些文物古迹的安全，不但造成了重大经济损失，也给居民生活带来不便，甚至危及人们的生命安全。

地裂缝灾害是我国主要地质灾害之一，广泛分布于全国各地。近年来，也表现出了愈演愈烈的倾向，据中国地质环境监测院发布的《全国地质灾害通报》的数据表明，2009年我国共发生地裂缝灾害115处，2010年我国共发生地裂缝灾害238处，2011年我国共发生地裂缝灾害86处，2012年我国共发生地裂缝灾害55处，2013年我国共发生地裂缝灾害301处。在空间分布上，地裂缝发育的范围越来越广，最早只在西安、邯郸、沭阳等地出现过，而近20多年来已经在全国20多个省（自治区、直辖市）都有发现。《中国地质环境公报》的数据显示，我国地裂缝主要发生在山东、山西、河北、陕西、江苏、河南等省，其中仅2007年就在山西省发现262条地裂缝，总长度达330km。如果地裂缝出现在人群和住宅建筑密集的城市中，它的破坏力将会更大。在城市中，已出现地裂缝的有西安、大同、保定、石家庄、天津、淄博等市，其中以西安最为典型和严重。

自1959年零星发现地裂缝以来，在西安市现已发现的具有一定长度规模的地裂缝达14条之多，其成为城市住宅建设、地下排水管道铺设、城市轨道建设、隧道开挖的极大障碍，目前的技术手段还难以抗御。调整人类工程活动和采取必要的治理措施能对地裂缝的影响起到一定的减轻与预防作用。在目前的技术水平和认识状况下，各类工程建筑绕、避这类裂缝区段，是一种最为有效的减灾措施。例如，地裂缝灾害严重的西安市，制定了《地裂区建筑场地勘察设计暂行条例》，规定各类建筑物按其类型和重要程度在地裂缝两侧各避让一定的距离，这对减轻西安市的地裂缝灾害起了重要的作用。

(二) 地裂缝的特征

地裂缝的特征主要表现为地裂缝发育的方向性和延展性、地裂缝灾害的非对称性和不均一性、地裂缝的渐进性及地裂缝的周期性。

1.地裂缝发育的方向性和延展性

地裂缝常沿一定方向延伸，在同一地区发育的多条地裂缝延伸方向大致相同。据王景明等统计，河北平原的地裂缝以NE5°和NW85°最为发育。地裂缝造成的建筑物开裂通常由下向上蔓延，以横跨地裂缝或与其成大角度相交的建筑物破坏最为强烈。地裂缝灾害在平面上多呈带状分布。从规模上看，多数地裂缝的长度为几十米至几百米，长者可达几千米。例如，山西大同机车厂的大同宾馆的地裂缝长达5km；宽度为几厘米到几十厘米，最宽者可超过1m；裂缝两侧垂直落差为几厘米至几十厘米，大者可超过1m，但也有没有垂直落差者。平面上地裂缝一般呈直线状、雁行状或锯齿状，剖面上多呈弧形、V形或放射状。

2. 地裂缝灾害的非对称性和不均一性

地裂缝以相对差异沉降为主，其次为水平拉张和错动。地裂缝的灾害效应在横向上由主裂缝向两侧致灾强度逐渐减弱，而且地裂缝两侧的影响宽度及对建筑物的破坏程度具有明显的非对称性。例如，大同铁路分局地裂缝的南侧影响宽度明显比北侧的影响宽度大。同一条地裂缝的不同部位，地裂缝活动强度及破坏程度也有差别，在转折部位相对较重，显示出不均一性。例如，西安大雁塔地裂缝，其东段的地裂缝活动强度最大，塌陷灾害最严重，中段的地裂缝灾害次之，西段的地裂缝破坏效应很不明显。在剖面上，地裂缝危害程度自下而上逐渐加强，累计破坏效应集中于地基基础与上部结构交接部位的地表浅部十几米深的范围内。

3. 地裂缝灾害的渐进性

地裂缝灾害是因地裂缝的缓慢蠕动扩展而逐渐加剧的。所以，随着时间的推移，其影响和破坏程度日益加重，最后可能导致房屋及建筑物的破坏和倒塌。

4. 地裂缝灾害的周期性

地裂缝活动受区域构造运动及人类活动的影响，因此，在时间序列上往往表现出一定的周期性。当区域构造运动强烈或人类过量抽取地下水时，地裂缝活动加剧，致灾作用增强，反之，则减弱。

二、地裂缝的类型与分布

(一) 地裂缝的类型

地裂缝是一种缓慢发展的渐进性地质灾害。按其成因可分为内动力作用形成的构造地裂缝和外动力作用形成的非构造地裂缝两大类。

1. 构造地裂缝

构造地裂缝是在构造运动和外动力地质活动（自然和人为）共同作用下的结果。前者是地裂缝形成的前提条件，决定了地裂缝活动的性质和展布特征，后者是诱发因素，影响着地裂缝发生的时间、地段和发育程度。这种地裂缝分布广、规模大，危害最严重。从构造地裂缝所处的地质环境来看，构造地裂缝大都形成于隐伏活动断裂带之上。断裂两盘发生差异活动导致地面拉张变形，或者因活动断裂走滑、倾滑诱发地震影响等均可在地表产生地裂缝。更多情况是在广大地区发生缓慢的构造应力积累而使断裂发生蠕变活动形成地裂缝。区域应力场的改变使土层中构造节理开启也可发展为地裂缝。

构造地裂缝形成发育的外部因素主要有两方面：①大气降水加剧裂缝发展；②人为活动，因过度抽水或灌溉水渗入等都会加剧地裂缝的发展。西安市地裂缝就是因城市过量抽水产生地面沉降，从而加剧了地裂缝的发展。陕西征阳地裂缝则是因农田灌水渗入和降水同时作用而诱发的地裂缝。

构造地裂缝的延伸稳定，不受地表地形、岩土性质和其他地质条件影响，可切铅山脊、陡坎、河流阶地等线状地貌。构造地裂缝的活动具有明显的继承性和周期性。构造地裂缝在平面上常呈断续的折线状、锯齿状或雁行状排列；在剖面上近于直立，呈阶梯状、地堑状、地垒状排列。

2.非构造地裂缝

非构造地裂缝的形成原因比较复杂，崩塌、滑坡、岩溶塌陷和矿山开采，以及过量开采地下水所产生的地面沉降都会伴随地裂缝的形成；黄土湿陷、膨胀土胀缩、松散土潜蚀也可造成非构造地裂缝；另外，干旱、冻融也可引起非构造地裂缝。非构造成因的地裂缝的纵剖面形态大多呈弧形、圈椅形或近于直立。

实践表明，许多地裂缝并不是单一成因的，而是以一种原因为主，同时又受其他因素影响的综合作用的结果。所以，在分析地裂缝形成条件时，还要具体现象具体分析。就总体情况看，控制地裂缝活动的首要条件是控制现今构造活动程度，其次是控制崩塌、滑坡、塌陷等灾害动力活动程度及动力活动条件等。

（二）地裂缝的分布

王景明等认为，中国地裂缝主要是断裂构造蠕变活动而产生的构造地裂缝。断裂构造蠕变地裂缝的分布十分广泛，在华北地区和长江中下游地区尤为发育。在汾渭盆地、太行山东麓平原和大别山东北麓平原形成了三个规模巨大的地裂缝发育地带。另外，在豫东、苏北及鲁中南等地区，还有一些规模较小的地裂缝发育带。

1. 汾渭盆地地裂缝带

自六盘山南麓的宝鸡，沿渭河向东经西安到风陵渡转向 NE 方向，沿汾河经临汾、太原到大同，发育有一个地裂缝带，最大展示宽度近 100km、延伸长度约为 1000km。该带沿汾渭盆地边缘断裂带内侧的第四纪沉积区延伸。山西大同机车厂地裂缝始见于 1977 年，发生在剧场街 9 号楼附近，长 200m，使剧场街 9 号楼出现裂缝。20 世纪 80 年代以后，该地裂缝迅速发展，1986 年延伸了 100m，1988~1989 年进一步发展到 5000m，至今仍在活动。该地裂缝走向为 NE57°，宽 1~6cm。其南盘相对下滑，垂直相对位移为 2~5cm，最大垂直相对位移为 18cm。地裂缝破坏带宽 5~20m。

2. 太行山东麓倾斜平原地裂缝带

位于太行山山前的河北平原和豫北平原有许多地区相继发生日益严重的地裂缝活动，北起保定，向南经石家庄、邢台、邯郸进入河南的安阳、新乡、郑州一带以后，转而向西延伸，经洛阳达三门峡一带，与渭河盆地和运城盆地的地裂缝带相连，全长约为 800km。在该带共有 50 多个县（市）发现 400 多处地裂缝。

3. 大别山北麓地裂缝带

在大别山北麓的山前倾斜平原地区出现了大量地裂缝，主要分布在豫东南和皖西南的 11 个县（市），其范围为南北宽近 100km，东西长约 150km，可大致分为 3 个近 EW 向延伸的地裂缝密集带：

（1）从大别山北麓的信阳、六安向东到南通的 EW 向地裂缝带，其地裂缝除在清川寿县——带进一步发展外，在马鞍山至如东一带也出现不少地裂缝。

（2）周口——阜阳——寿县和商丘——永城——蚌埠两个相近平行延伸的 NW 向地裂缝带。

（3）沂水——郯城——宿迁 NNE 向地裂缝带。单个地裂缝规模不等，长一般为 10~300m 以上，宽一般为 10~50cm，个别为 1m 左右，深一般为 3~5m。1976 年唐山地震前后，大别山北麓地裂缝活动加剧，其范围几乎扩展到整个淮河流域和长江、黄河中下游地区。据不完全统计，在豫、皖、苏、鲁四个省中有 152 个县（市）出现了地裂缝。

武强等认为，我国华北地裂缝绝大多数发生在第四系松散沉积层中，它们的分布方向性强且大多不受地貌限制，在山前洪积台地、低山丘陵、河谷阶地、河漫滩、冲积和湖积平原，都有其形迹，较大者可穿过几种微地貌单元，常常多组地裂缝相互交叉或趋势性交叉，构成网络。例如，西安市地裂缝在西安市城区和近郊区平行等间距排列，每条地裂缝带的间距为1000~1500m，而且具有显著的方向性，10条地裂缝带都呈NE—SW向延伸，总体走向为大同市由单条或多条地裂缝组成的地裂缝带沿走向大体呈规则的线形分布，其地裂缝带斜穿多种地貌单元，方向稳定，走向一般为NE60°~80°，其优势方位为榆次区地裂缝平面展布呈断续状，具有一定的分带性及严格的方向性，以近SW向为主，NE向次之，EW向为少数，其与地裂缝分布的区域密切相关。

4.其他地区的地裂缝

除上述华北地区的3个大规模地裂缝带外，在中国其他地区也有一些零星的地裂缝或小规模地裂缝带分布。地裂缝是黄土高原台塬区与沟壑区交界处常见的一种地质现象，如华南膨胀土、花岗石风化残积土分布区的地裂缝，西部地区因地震而立生的断层地裂缝，高原地区冻土分布范围内的融冻地裂缝等。

三、地裂缝的危害

地裂缝是现代地表破坏的一种形式，其本质与裂隙差不多，但规模比裂隙壮观，形成的时间也比较短暂。地裂缝从20世纪中期以来，发生频率及规模逐年加剧，已成为一种区域性的主要地质灾害。

地裂缝在形成和扩展过程中对原有地形地貌的改造，对地下水补、径、排条件的影响及对土层天然结构的破坏作用，均会引发一系列诸如潜蚀、湿陷、地面沉降或塌陷等次生地质灾害，而这些灾害又对地裂缝的活动性产生激发作用，从而形成一种恶性循环。

地裂缝活动使其周围一定范围内的地质体内产生形变场和应力场，进而通过地基和基础作用于建筑物。地裂缝两侧出现的相对沉降差及水平方向的拉张和错动，可使地表设施发生结构性破坏或造成建筑物地基的失稳。地裂缝穿越厂房民居、横切地下洞室、路基，造成城市内建筑物开裂、道路变形、管道破坏，严重危及城市建设与人民生活。地裂缝的主要危害是房屋开裂、地面设施破坏和农田漏水。在上述3条巨型地裂缝带中，汾渭盆地地裂缝带不仅规模最大、裂缝类型多，而且危害十分严重。据不完全统计，迄今已造成数亿元的经济损失。河北省及京津地区60个县(市)已发现地裂缝453条，其造成大量建筑和道路破坏，上千处农田漏水，经济损失达亿元以上。近年，陕西省泾阳县出现一条2000m长的地裂缝，从东到西穿过该县龙泉乡沙沟村。该地裂缝时宽时窄，最宽处超过1m。该地裂缝经过沙沟村中数十户民房，造成民房墙上、地上全部出现程度不等的砖缝错位、土墙开裂和地面凹陷等。

西安市地裂缝灾害已众人皆知，影响范围超过159km^2，给城市建设和人民生活造成了严重的危害。地裂缝所经之处道路变形、交通不畅，地下输排水管道断裂、供水中断、污水横溢；楼房、车间、校舍、民房错裂，围墙倒塌；文物古迹受损。据不完全统计，西安市地裂缝穿越91座工厂、40所学校、公用设施60多处、村寨41个；破坏道路60处、围墙427处，132幢楼房受破坏和影响，其中20幢已全部或部分拆除，1057间平房受毁，18处文物古迹受损，仅民用住房损失已达2164.6万元。

四、地裂缝工程地质勘查

(一) 地裂缝的调查

区域性地裂缝与滑坡、崩塌、地面塌陷相伴生的地裂缝在形成机理上是不同的，调查的内容也不同。对于区域性地裂缝，主要调查内容如下所示。

(1) 单缝分布特征和群缝分布特征及其分布范围；

(2) 形成的地质环境条件(地形地貌、地层岩性、构造断裂等)；

(3) 地裂缝成因类型和引发因素；

(4) 发展趋势预测和现有灾害评估及未来灾害预测；

(5) 现有防治措施和效果。

(二) 地裂缝场地勘查与评价

1. 地裂缝场地勘查

(1) 勘查的目的：①查明拟建场地及其附近是否存在地裂缝(地表出露

的地裂缝或隐伏的地裂缝）；②地裂缝的分布位置、产状、活动性、规律性；③地裂缝成因；④地裂缝与断裂构造的关系；⑤提出工程评价与治理措施，分区进行建筑适宜性评价。

（2）勘查的内容：①调查已有建筑物受地裂缝的影响程度、建筑物破坏现状、破坏形式；②调查环境工程地质条件，包括采空区、水库蓄水、区域性地下水位变化等；③查明地裂缝分布特征，主次地裂缝的产状、组合关系，下延深度，断距、填充情况等；④查明隐伏地裂缝的位置和隐伏深度。

（3）勘查的方法和要求：①通过现场调查与探井、探槽等手段揭露地裂缝在平面上及垂直剖面上的分布规律和发育情况；②利用钻孔（不少于3个钻孔）确定地裂缝的倾向、倾角；③对隐伏地裂缝，在有一定断距的情况下，可布置较密集的钻孔，可与探井配合使用查清地裂缝位置；④为查明隐伏地裂缝位置及隐伏深度，还可采用以电法为主的综合物探方法。例如，陕西省地震局利用氡射气探测西安市地裂缝取得了一定的效果。

（4）地裂缝活动速率的测定：①简易测量：根据建筑物建成使用年限和建筑物墙体破裂的下沉量、拉张量、扭动量可近似地评估地裂缝的三向变形速率。②仪器监测：有简易测量、跨地裂缝水准测量和断层测量仪自动连续测量，根据其年变化量来确定地裂缝活动的速率。

2. 地裂缝的工程评价

（1）地裂缝对建筑物破坏的机理和现状。地裂缝有三向位移形变，建筑物遭受其破坏主要因素是位移量最大的形变。地震裂缝对建筑物的影响主要是水平扭动位移；构造地裂缝对建筑物的影响主要是沿走向的水平滑移，也可能是沿倾向的滑移；城市地裂缝对建筑物的影响主要是垂直的差异沉降。例如，西安市地裂缝的平均差异沉降为15.85mm/a，3倍于水平拉张，12倍于水平左旋扭动，对建筑物的主要破坏力是差异沉降，水平扭动不是破坏建筑物的主要应力。

地裂缝破坏建筑物有三个主要特征：第一，建筑物上的破裂缝有很强的方向性，基本上沿地裂缝的走向破裂；第二，破裂缝连续性好，在走向方向上延伸相当长的距离；第三，由于地裂缝多为正断层性质，建筑物上的破裂形迹多为斜裂缝，与地下的地裂缝产状呈经向构造关系。

（2）地裂缝建筑安全距离确定。除重力地裂缝外，其余地裂缝都属于构造成因，或构造因素与环境工程地质条件改变的复合成因。地裂缝有三向位移变形，变形量较大，当代建筑水平还不能有效抵抗它的变形，因此各类建筑物不能跨越其上，必须避开一定的距离，才能保证建筑物的安全。这个避开的距离被称为建筑安全距离。所以地裂缝场地的工程评价与工程措施的关键是选定合理的建筑安全距离。

城市地裂缝建筑安全距离的应用在西安市已有丰富的经验，并已制定出省级标准，在城市建筑与工程建筑中已执行多年，收到了良好实际效果。地裂缝的建筑安全距离是根据地裂缝活动影响带宽度决定的。根据多年来的宏观调查、实地开挖揭露、精密水准监测，发现地裂缝的活动变形带较小，只需要采用小的建筑安全距离即可保证建筑物的安全。

地震地裂缝是地震断层的一种，其建筑安全距离可按地震断层避让距离考虑。构造地裂缝可参照城市地裂缝的建筑安全距离进行评价。

（3）地裂缝场地的地震效应。城市地裂缝不是地震构造，场地烈度按设防烈度或基本烈度设防，不必再提高烈度；在邻近强震场影响下地裂缝的变形将会加剧，对位于地裂缝带上的建筑物将会加重一些灾害，对于已采用一定建筑安全距离的建筑物将会整体的下沉或水平扭动，不会有新的灾害发生。

五、地裂缝灾害的防治

地裂缝灾害是一种与人类工程活动有关的环境地质灾害，它的发生频率与强度是内、外动力地质作用及人类工程活动共同作用的结果。人类工程活动的盲目性和不科学性缩短了地裂缝的活动周期，也增大了地裂缝的灾害规模。因此，要减轻和缓解地裂缝的灾害规模与灾害程度，就必须分析地裂缝的发生、发展原因，科学规划城市的发展建设，以实现区域可持续发展。

地裂缝灾害多数发生在由主要地裂缝所组成的地裂缝带内，所有横跨主地裂缝的工程和建筑都可能受到破坏。防治地裂缝灾害，首先通过地面勘查、地形形变测量、断层位移测量及音频大地电场测量、高分辨率纵波反射测量等方法监测地裂缝活动情况，预测、预报地裂缝发展方向、速率及可能的危害范围；对人为成因的地裂缝灾害防治关键在于预防，合理规划、严格禁止地裂缝附近的开采行为；对自然成因的地裂缝灾害防治则主要在于加强调查和研究,开展地裂缝易发区的区域评价,以避让为主,从而避免或减轻经济损失。

(一) 控制人为因素的诱发作用

对于非构造地裂缝,可以针对其发生的原因,采取各种措施来防止或减少地裂缝灾害的发生。例如,采取工程措施防止发生崩塌、滑坡,通过控制抽取地下水防止和减轻地面沉降塌陷等;对于黄土湿陷裂缝,主要应防止降水和工业、生活用水的下渗和冲刷;在矿区井下开采时,根据实际情况,控制开采范围,增多、增大预留保护柱,防止矿井坍塌诱发地裂缝。

(二) 建筑设施避让防灾措施

对于构造成因的地裂缝,因为其规模大、影响范围广,所以在地裂缝发育地区进行开发建设时,首先应进行详细的工程地质勘察,调查研究区域构造和断层活动历史,对拟建场地查明地裂缝发育带及隐伏地裂缝的潜在危害区,做好城镇发展规划,即合理规划建筑物布局,使工程设施尽可能避开地裂缝危险带,特别要严格限制永久性建筑设施横跨地裂缝。一般避让宽度不少于4~10m。

对已经建在地裂缝危险带内的工程设施,应根据具体情况采取加固措施。例如,跨越地裂缝的地下管道工程,可采用外廊隔离、内悬支座式管道并配以活动软接头连接措施等。对已遭受地裂缝严重破坏的工程设施,需进行局部拆除或全部拆除,防止对整体建筑或相邻建筑造成更大规模破坏。

(三) 控制地下水超采

地下水超采是城市地裂缝活动的重要诱发因素,尤其是对水源地盲目的集中强化开采,容易导致地下水降落漏斗中心水位的降深过大,引起含水层组固结压缩的极度不均匀,在固结沉降区边缘形成较高的形变梯度,加大了地裂缝在地表的变形幅度。因此,应合理控制现有水源地开采强度,同时,考虑开辟新的水源地,以减缓地面沉降形变梯度,这对降低地裂缝的活动性具有重要作用。

(四)重视对地裂缝的长期监测工作

通过观测资料的长期积累,了解地裂缝活动的特点,以进一步分析其成因,为地裂缝灾害的减灾防灾提供可靠的依据。

第四节 地面塌陷灾害及防治

一、地面塌陷的概念

地面塌陷是指地表岩、土体在自然或人为因素作用下,向下陷落,并在地面形成塌陷坑(洞)的一种地质现象。当这种现象发生在有人类活动的地区时,便可能成为一种地质灾害。

我国岩溶塌陷分布广泛,以广西、湖南、贵州、湖北、江西、广东、云南、四川、河北、辽宁等省(自治区、直辖市)最为发育。据统计,全国岩溶塌陷总数达2841处,塌陷坑有33192个,塌陷面积为332km²,造成年经济损失超过1.2亿元。矿山采空区地面塌陷,许多矿区均有发育,内蒙古、黑龙江、山西、安徽、江苏、山东等省是矿山采空塌陷的严重发育区。但几乎全国的采煤、采矿区均有该情况出现,尤其是个体采矿业比较发达、而法律制度不健全且执行不力的地区更容易发生。据不完全统计,在全国20个省(自治区、直辖市)内,共发生采空区塌陷180处以上,塌陷坑超过1595个,塌陷面积大于其他各类地面塌陷分布零散,发育规模和危害性相对较小。2008年3月25日凌晨,四川省江安县红桥镇五阁村发生了局部地面塌陷,形成大小不等的3个巨型"天坑",呈直线展开,长约400m。2007年2月23日凌晨,中美洲危地马拉首都危地马拉城一个贫民区突然传出轰隆一声,就在这震动的一瞬间,贫民区中央惊现一个直径为70m、深度为100m的污水坑。一对兄妹在这场灾难中不幸被淹死,20多间房屋下陷,当局在事发后及时封锁周边500m的地区,疏散现场附近的居民近千人。

刘江龙等讨论了广州市地面塌陷主要类型及其特征,认为地面塌陷灾害主要体现为以下特征:第一,隐伏性。其发育发展情况、规模大小、可能造成地表塌陷的时间及地点具有极大的隐伏性,发生之前很难被人意识到。

第二，突发性。一次完整的地面塌陷过程时间可能就1min左右，因此往往使人们在地面塌陷发生时措手不及，从而造成财产损失和人员伤亡。第三，群发性与复发性。地面塌陷灾害往往不是孤立存在的，常在同一地区或某一时段集中形成灾害群。2001~2004年，仅几千米的广州黄埔大道就发生数十处塌陷点。第四，损害的严重性。近几年来，广州市地面塌陷灾害造成城市房屋地基失稳，建筑物受到破坏、地下管网受损，交通、供水、供电中断等事故发生，并夺去多人生命，造成重大的经济损失。

二、地面塌陷的分类

（一）按地面塌陷成因划分

地面塌陷的主要原因分为自然塌陷和人为塌陷两大类。自然塌陷是地表岩、土体由于自然因素作用，如地震、降水、自重等，向下陷落而成；人为塌陷是人类工程活动作用导致的地面塌落。在这两大类中，又可根据具体因素分为许多类型，如地震塌陷、矿山采空塌陷、复合型（自然—人为）塌陷等。

（二）按塌陷区是否有岩溶发育划分

按塌陷区是否有岩溶发育，地面塌陷划分为岩溶地面塌陷和非岩溶地面塌陷。岩溶地面塌陷主要发育在覆盖型岩溶地区，是由于隐伏岩溶洞隙上方岩、土体在自然或人为因素作用下，产生陷落而形成的地面塌陷。非岩溶地面塌陷又根据塌陷区岩、土体的性质分为黄土塌陷、火山熔岩塌陷和冻土塌陷等许多类型。

1. 岩溶地面塌陷

岩溶又称喀斯特，是水（包括地表水和地下水）对可溶性岩石进行的以化学溶蚀作用为主的改造和破坏地质作用，以及由此产生的地貌及水文地质现象的总称。岩溶作用以化学溶蚀为主，同时还包括机械破碎、沉积、坍塌、搬运等作用，是一个化学和物理相结合的综合作用。可溶性岩石包括碳酸盐岩、硫酸盐岩、卤化物等。覆盖在岩溶形态之上的土层经过岩溶水体的潜蚀等作用而形成洞隙、土洞直至地面塌陷等地质灾害。

岩溶发育的条件主要有：第一，具有可溶性的岩层；第二，具有溶解能力（含 CO_2）和足够流量的水；第三，具有地表水下渗、地下水流动的途径。

岩溶发育具有一定的规律，与岩性、地质构造、新构造运动、地形、地表水体同岩层产状关系气候及岩溶发育的带状性与成层性等因素有关。

（1）岩溶与岩性的关系。岩石成分、成层条件和组织结构等直接影响岩溶的发育程度及速度。一般来说，硫酸盐类和卤素类的岩层岩溶发育速度较快；碳酸盐类岩层岩溶则发育速度较慢。质纯层厚的碳酸盐类岩层，岩溶发育强烈，且形态齐全，规模较大；含泥质或其他杂质的碳酸盐类岩层，岩溶发育较弱。结晶颗粒粗大的岩石岩溶发育较为强烈；结晶颗粒细小的岩石，岩溶发育较弱。

（2）岩溶与地质构造的关系。①节理裂隙：节理裂隙的发育程度和延伸方向通常决定了岩溶的发育程度和发展方向。在节理裂隙的交叉处或密集带，岩溶最易发育。②断层：断裂带是岩溶显著发育地段，常分布有漏斗、竖井、落水洞及溶洞、暗河等。在正断层处岩溶发育较强烈，逆断层处岩溶发育较弱。③褶皱：褶皱轴部一般岩溶发育较强烈。在单斜地层中，岩溶一般顺层面发育。在不对称褶曲中，陡的一翼岩溶较缓的一翼发育强烈。④岩层产状：倾斜或陡倾斜的岩层，一般岩溶发育较强烈；水平或缓倾斜的岩层，当上覆或下伏非可溶性岩层时，岩溶发育较弱。⑤可溶性岩与非可溶性岩接触带或不整合面岩溶往往发育。

（3）岩溶和新构造运动的关系。地壳强烈上升地区，岩溶以垂直方向发育为主；地壳相对稳定地区，岩溶以水平方向发育为主；地壳下降地区，既有水平发育又有垂直发育，岩溶发育较为复杂。

（4）岩溶和地形的关系。在地形陡峻、岩石裸露的斜坡上，岩溶多呈溶沟、溶槽、石芽等地表形态；地形平缓地带，岩溶多以漏斗、竖井、落水洞、塌陷洼地、溶洞等形态为主。

（5）地表水体同岩层产状关系对岩溶发育的影响。地表水体与岩层反向或斜交时，岩溶易于发育；地表水体与岩层顺向时，岩溶不易发育。

（6）岩溶和气候的关系。在大气降水丰富、气候潮湿地区，地下水能经常得到补给，水的来源充沛，岩溶易发育。

（7）岩溶发育的带状性与成层性。岩石的岩性、裂隙、断层和接触面等一般都有方向性，这造成了岩溶发育的带状性；可溶性岩层与非可溶性岩层互层、地壳强烈的升降运动、水文地质条件的改变等则往往造成岩溶分布的成层性。

岩溶场地可能发生的岩土工程问题有如下几个方面。①在地基主要受压层范围内，若有土洞、溶洞、暗河等存在，在附加荷载或振动作用下，容易造成溶洞顶板坍塌引起地基突然陷落。②在地基主要受压层范围内，下部基岩面起伏较大，上部又有软弱土体分布时，易引起地差不均匀下沉。③覆盖型岩溶区因地下水活动产生的土洞，逐渐发展导致地表塌陷，从而造成对场地和地基稳定的影响。④在岩溶岩体中开挖地下洞室、隧道时，突然发生大量涌水及洞穴泥石流灾害。从更广泛的意义上讲，还包括由其特殊性的水库诱发的地震、水库渗漏、矿坑突水、工程中遇到的溶洞稳定等。

2. 非岩溶地面塌陷

非岩溶洞穴产生的塌陷，如采空塌陷、黄土地区黄土陷穴引起的塌陷、玄武岩地区其通道顶板产生的塌陷等，后两者分布较局限。采空塌陷指煤矿及金属矿山的地下采空区顶板塌落塌陷，在我国分布较广泛，目前可见于除天津、上海、内蒙古、福建、海南、西藏以外的省（自治区、直辖市），其中黑龙江、山西、安徽、江苏、山东等省（自治区、直辖市）发育较严重。据不完全统计，在全国21个省（自治区、直辖市）内，共发生采空塌陷达182处以上，塌陷坑超过1592个，塌陷面积达1150m²，年经济损失达3.17亿元。

(三) 按塌陷坑数量划分

塌陷坑大于100个者为巨型塌陷；50~100个者为大型塌陷；10~50个者为中型塌陷；小于10个者为小型塌陷。

三、地面塌陷的原因

地面塌陷实质上是岩、土体内洞穴的支撑力小于致塌力的结果。主要影响因素有人为因素和自然因素。人为因素包括抽取地下水、坑道排水、突水、地表水和大气降水渗入、荷载及振动等；自然因素包括河流水位升降与地震等。具体原因如下所示。

(一) 人工降低地下水位

人工降低地下水位引起的地表塌陷，主要是指矿坑、基坑疏干排水引起的地表塌陷和供水（抽水）引起的地表塌陷。其中，以岩溶塌陷较为常见。岩溶塌陷的分布受岩溶发育规律、发育程度的制约，同时，与地质构造、地形地貌、土层厚度等有关。岩溶塌陷多分布在断裂带及褶皱轴部、溶蚀洼地等地形低洼处、河床两侧及土层较薄且土颗粒较粗的地段。

岩溶洞穴的岩、土体位于地下水中，地下水产生对洞穴顶板的静水浮托力，当抽取地下水使之水位下降时，支撑洞顶岩、土体的浮托力随之降低，即洞穴空腔与松散介质接触上下侧水、气流体，因地下暗管内的水流发生变化而产生压温差效应，为此，出现了与抽取地下水同步发展的地表塌陷现象。

地面塌陷与地下水水力作用密切相关。当地下水水位降深小时，地面塌陷坑数量少、规模小；当地下水水位降深保持在基岩面以上且较稳定时，不易产生地面塌陷；当地下水水位降深增大，水动力条件急剧改变，水对土体潜蚀力增强时，地面塌陷坑数量增多、规模增大。塌陷区多处于降落漏斗之中，其范围小于降落漏斗区；地面塌陷坑数量和规模随降落漏斗心距离增大而递减。地面塌陷与水力坡度、流速也存在相关关系。根据广东曲旷矿区资料，当水力坡度 <3%，流速 <0.0005m/s 时，地面处于相对稳定状态；当水力坡度 >3%，流速 >0.0005m/s 时，地面开始产生变形；当水力坡度 >5%，流速 >0.0005m/s 时，地面产生塌陷。地面塌陷与地下水的径流方向也存在一定的关系，主要径流方向上地下水流量丰富，水的流速大，地下水对土体的潜蚀作用强，所以此方向上易产生地面塌陷。

福建龙岩市龙厦铁路象山隧道 1 号斜井施工到 YDK24+157.2 处时，掌子面出现开裂、塌方。沿裂隙出现一喷射状涌水，刚开始涌水水量为 200m³/h，最高时曾达到 7000m³/h，此次涌水引起大规模地面沉降和房屋开裂，累计最大沉降达 350mm，最大下沉速率达 5.2mm/h。沿新祠河流发现多处宽大裂缝及陷坑，河水通过裂缝及陷坑全部流入洞内，造成河水断流，地表可见多处裸露溶洞。此次涌水造成水泥厂内的建（构）筑物及生活区的基础发生变形、不均匀沉降和倾斜进而被迫停产，职工宿舍楼被鉴定为危房，高速铁路工程项目工期延误半年以上，直接经济损失达数亿元。

(二)地表水、大气降水的渗入

当地表水、大气降水渗入地下时,水在岩、土体内的孔隙中运动,产生了一种垂向渗透力,改变了岩、土体的力学性质。当渗透压力值达到一定强度时,岩土体结构遭到破坏,随着水流产生流土或管涌运移,进而形成土洞,最后导致地面变形、塌陷。尤其是碳酸盐岩分布的岩溶地区,人为挖掘的场地、机场、道路等降水渗入后产生地表塌陷较为突出。

广西的岩溶塌陷多发生在干旱季节地下水位大幅度下降期,或旱季末、雨季来临时突降大暴雨而导致水位大幅度上升时,以及强烈抽取地下水的岩溶地区。目前广西忻城大塘乡金山村的塌陷群分布面积达 5.5km²。岩溶塌陷强发育区的塌陷坑密度为 500~1000 个 /km²,如柳州铁路局玉林机务段,塌陷坑密度达 740 个 /km²。

2010 年 10 月 19 日,福建龙岩市新罗区适中镇洋东村下坂突然发生地面岩溶塌陷地质灾害,导致 6 名工人失踪。塌陷坑长约 50m、宽约 45m,可见深度为 25~28m,塌陷溶洞深度为 60~100m,四周环状裂缝发育。塌陷坑所在的地表岩溶发育区为顺层状"开口"型半充填溶洞,在地表水、地下水的长期作用下造成自然塌陷。

(三)河水涨落

岩溶裂隙、洞穴管道中的地下水与附近河水相通时,随着河水水位的升降,横向发育的岩溶裂隙、管道中的地下水位也随之升降,这种作用也可导致地面塌陷。位于广西都安县红水河岸的一段公路,由于受河水涨落影响,公路路面上发生了塌陷。

(四)振动

振动可引起砂土液化,土体强度降低、抗塌力减弱,在振动产生的波动、冲击波的破坏作用下,可导致潜伏洞穴的塌陷。

(五)荷载

在有隐伏洞穴部位上存在人为增载(建筑物荷载、人为堆积荷载等)时,当这些外部荷载超过洞穴拱顶的承受能力时，将引起洞穴直接受压破坏，从而致使地面塌陷。

(六) 矿山采空

地下采掘活动形成的采空区，使其上方岩、土体失去支撑，导致地面塌陷。这种由于矿山采掘引起地面塌陷的主要原因是人为活动。此类地面塌陷在许多矿区都有发生，并造成相当程度的危害，即损坏交通设施、水利设施、建筑物、道路、农田等，甚至引起山体滑坡和崩塌。

(七) 地下洞室及地下线性工程开挖

在城市中，地面以下存在着错综复杂的管线网络，包括输水管道、输电电缆、油气管道甚至还有20世纪60~70年代大量挖掘的防空洞。现如今，大规模的地下空间开发，极大增加了地面塌陷发生的概率，主要表现为以下几个方面。

1. 地铁施工

在进行地铁施工时，必然会扰动原有的地下土层，使地下土体形成疏松带、松散区，最终导致地面塌陷。2008年11月15日15时，杭州风情大道地铁施工工地突然发生大面积地面塌陷，正在路面行驶的汽车陷入深坑，多名施工人员被困地下。事实上，这样的事情并非个案，北京、上海、南京等地都发生过类似事故。

2. 防空洞坍塌

20世纪60年代，在"备战、备荒、为人民"的响亮口号下，我国大中城市普遍开展了群众性的"深挖洞"活动。据统计，此阶段全国挖洞的总长度超过了长城的长度，挖掘土石方体积超过了长城的土石方总量，仅北京一地，就留下了2万多个大大小小的防空洞。由于缺乏图纸资料，后来的很多居民区都建在了防空洞之上，防空洞的坍塌自然会危及地表。2010年7月19日凌晨，由于连降暴雨，郑州国棉五厂路南家属院内出现一个直径约10m、深约10m的大坑，并积满雨水，初步勘查就是防空洞塌陷所致。

3. 人工开挖后回填不实

工程建设场地中由于施工后回填不密实，地下松散土体逐渐被流水冲走,也能形成地下空洞甚至地面塌陷。

四、岩溶地面塌陷

岩溶地面塌陷指覆盖在浴蚀洞穴之上的松散土体,在外动力或人为因素作用下产生的突发性地面变形破坏,其结果多形成圆锥形塌陷坑。岩溶地面塌陷是地面变形破坏的主要类型,多发生于碳酸盐岩、钙质碎屑岩和盐岩等可溶性岩石分布地区。激发岩溶地面塌陷的直接诱因除降水、洪水、干旱、地震等自然因素外,往往与抽水、排水、蓄水和其他工程活动等人为因素密切相关。

在各种类型岩溶地面塌陷中,以碳酸盐岩岩溶地面塌陷最为常见。自然条件下产生的岩溶地面塌陷一般规模小、发展速度慢,不会给人类生活带来太大的影响。但在人类工程活动中产生的岩溶地面塌陷不仅规模大、突发性强,且常出现在人口聚集地区,对地面建筑物和人身安全构成严重威胁。

岩溶地面塌陷造成局部地表破坏,是岩溶发育到一定阶段的产物。所以,岩溶地面塌陷也是一种岩溶发育过程中的自然现象,可出现于岩溶发展历史的不同时期,既有古岩溶地面塌陷,也有现代岩溶地面塌陷。岩溶地面塌陷也是一种特殊的水土流失现象,水土通过塌陷向地下流失,影响着地表环境的演变和改造,形成具有鲜明特色的岩溶景观。

(一)岩溶地面塌陷的分布规律

岩溶地面塌陷主要分布于岩溶强烈到中等发育的覆盖型碳酸盐岩地区。全球有16个国家存在严重的岩溶地面塌陷问题。中国可溶岩分布面积约为363万 km^2。是世界上岩溶地面塌陷范围最广、危害最严重的国家之一。据统计,全国24个省(自治区、直辖市)共发生岩溶地面塌陷2841处,塌陷坑33192个,塌陷面积合计332.28km^2,其中,南方的桂、黔、湘、赣、川、滇、鄂等省(自治区、直辖市)岩溶发育最为强烈,北方的冀、鲁、辽等省(自治区、直辖市)也发生过严重的岩溶地面塌陷灾害。

岩溶地面塌陷的分布规律主要有以下几个方面。

1.岩溶强烈发育区

中国南方许多岩溶区的资料说明,浅部岩溶越发育,富水性越强,岩溶地面塌陷越多，规模越大。岩溶地面塌陷与岩溶率具有较好的正相关关系。

2. 第四系松散盖层较薄地段

在其他条件相同的情况下，第四系盖层的厚度越大，成岩程度越高，岩溶地面塌陷越不易产生。相反，盖层薄且结构松散的地区，则易形成岩溶地面塌陷。例如，广东沙洋矿区疏干漏斗中心部位，盖层厚度为40~130m，岩溶地面塌陷少而稀。而在该漏斗中心的东南部和东部边缘地段，因盖层厚度较小，一般为8~23m，岩溶地面塌陷多而密。

3. 河床两侧及地形低洼地段

在这些地区，地表水和地下水的水力联系密切，两者之间的相互转化比较频繁，在自然条件下就可能发生潜蚀作用，形成土洞，进而产生岩溶地面塌陷。

4. 降落漏斗中心附近

由采、排地下水而引起的岩溶地面塌陷，绝大部分发生在地下水降落漏斗影响半径范围以内，特别是在降落漏斗中心的附近地区。此外，在地下水的主要径流方向上也极易形成岩溶地面塌陷。

(二) 岩溶地面塌陷的成因

岩溶地面塌陷是在特定地质条件下，因某种自然因素或人为因素触发而形成的地质灾害。由于不同地区地质条件相差很大，岩溶地面塌陷形成的主导因素也有所不同。所以，对岩溶地面塌陷成因机制的认识也存在着不同的观点。其中，占主导地位的主要有两种，即地下水潜蚀机制和真空吸蚀机制。另外，还有其他岩溶地面塌陷形成机制。

1. 地下水潜蚀机制

在地下水流作用下，岩溶洞穴中的物质和上覆盖层沉积物产生潜蚀、冲刷和淘空作用，结果导致岩溶洞穴或溶蚀裂隙中的充填物被水流搬运带走，在上覆盖层底部的洞穴或裂隙开口处产生空洞。若地下水位下降，则渗透水压力在覆盖层中产生垂向的渗透潜蚀作用，土洞不断向上扩展最终导致岩溶地面塌陷。

岩溶洞穴或溶蚀裂隙的存在和上覆土层的不稳定性是岩溶地面塌陷产生的物质基础，地下水对土层的侵蚀搬运作用是引起岩溶地面塌陷的动力条件。在自然条件下，地下水对岩溶洞穴或裂隙充填物质和上覆土层的潜蚀作用也是存在的，不过这种作用很慢，且规模一般不大；人为抽采地下水，对岩溶洞穴或裂隙充填物和上覆土层的侵蚀搬运作用大大加强，促进了岩溶地面塌陷的发生和发展。此类塌陷的形成过程大体可分如下4个阶段。

（1）在抽水、排水过程中，地下水位降低，水对上覆土层的浮托力减小，水力坡度增大，水流速度加快，水的潜蚀作用加强。溶洞充填物在地下水的潜蚀、搬运作用下被带走，松散层底部主体下落、流失而出现拱形崩落，形成隐伏土洞。

（2）隐伏土洞在地下水持续的动水压力及上覆土体的自重作用下，土体崩落、迁移，洞体不断向上扩展，引起地面沉降。

（3）地下水不断侵蚀、搬运崩落体，隐伏土洞继续向上扩展。当上覆土体的自重压力逐渐接近洞体的极限抗剪强度时，地面沉降加剧，在张性压力作用下，地面产生开裂。

（4）当上覆土体自重压力超过了洞体的极限强度时，地面产生塌陷。同时，在其周围伴生有开裂现象。这是因为土体在塌落过程中，不但在垂直方向产生剪切应力，还在水平方向产生张力。

潜蚀致塌论解释了某些岩溶地面塌陷事件的成因。按照该理论，岩溶上方覆盖层中若没有地下水或地面渗水以较大的动水压力向下渗透，就不会产生塌陷。但有时岩溶洞穴上方的松散覆盖层中完全没有渗透水流仍会产生塌陷，说明潜蚀作用还不足以证明所有的岩溶地面塌陷的机制。

2. 真空吸蚀机制

根据气体的体积与压力关系的玻意耳-马里奥特定律，在密封条件下，当温度恒定时，随着气体体积的增大，气体压力不断减小。在相对密封的承压岩溶网络系统中，由于采矿排水、矿井突水或大流量开采地下水，地下水水位大幅度下降。当水位降至较大岩溶空洞覆盖层的底面以下时，岩溶空洞内的地下水面与上覆岩溶洞穴顶板脱开，出现无水充填的岩溶空腔。随着岩溶水水位持续下降，岩溶空洞体积不断增大，空洞中的气体压力不断降低，从而导致岩溶空洞内形成负压。岩溶顶板覆盖层在自身重力及溶洞内真空负压的影响下，向下剥落或塌落，在地表形成岩溶塌陷坑。

3. 其他岩溶地面塌陷形成机制

除上述两种岩溶地面塌陷形成机制外，还有学者提出重力致塌模式、冲爆致塌模式、振动致塌模式和荷载致塌模式等其他岩溶地面塌陷的成因模式。

（1）重力致塌模式是指因自身重力作用使岩溶洞穴上覆盖层逐层剥落或者整体下陷而产生岩溶地面塌陷的过程和现象。重力致塌现象主要发生在地下水位埋藏深、溶洞及土洞发育的地区。

（2）冲爆致塌模式的形成过程是岩溶通道、空洞及土洞中蓄存的高压气团和水头，随着地下水位上涨压力不断增加；当其压强超过岩溶顶板的极限强度时，就会冲破岩土体发生"爆破"并使岩土体破碎；破碎的岩土体在自身重力和水流的作用下陷入岩溶洞穴，在地面则形成塌陷。冲爆致塌现象常发生于地下暗河的下游。

（3）振动致塌模式是指由于振动作用，使岩土体发生破裂、位移和砂土液化等现象，降低了岩土体的机械强度，从而发生岩溶地面塌陷。在岩溶发育地区，地震、爆破或机械振动等经常引发岩溶地面塌陷，如辽宁省营口地震时，孤山乡第四纪松散沉积物覆盖型岩溶区，由于地震引起砂土液化，出现了200多个岩溶塌陷坑。

（4）荷载致塌模式是指溶洞或土洞的覆盖层和人为荷载超过了洞顶盖层的强度，压塌洞顶盖层而发生的塌陷过程和现象。例如，水库蓄水，尤其是高坝蓄水，可将库底岩溶洞穴的顶盖压塌，造成库底塌陷，水大量流失。

岩溶地面塌陷实际上常常是在几种因素的共同作用下发生的。例如，洞顶的土层在受到潜蚀作用的同时，往往还受到自身重力的作用。

（三）岩溶地面塌陷的形成条件

1. 可溶岩及岩溶发育的程度

可溶岩的存在是岩溶地面塌陷形成的物质基础。中国发生岩溶地面塌陷的可溶岩主要是古生界、中生界的石灰岩、白云岩、白云质灰岩等碳酸盐岩，部分地区的晚中生界、新生界富含膏盐芒硝或钙质砂泥岩、灰质砾岩及盐岩也发生过小规模的岩溶地面塌陷。大量岩溶地面塌陷事件表明，岩溶地面塌陷主要发生在覆盖型岩溶和裸露型岩溶分布区，部分发生在埋藏型岩溶分布区。

岩溶的发育程度和岩溶洞穴的开启程度是决定岩溶地面塌陷的直接因素。从岩溶地面塌陷形成机理看，可溶岩洞穴和裂隙一方面造成岩体结构的不完整，形成局部的不稳定；另一方面为容纳陷落物质和地下水的强烈运动提供了充分条件。所以，一般情况下，可溶岩的岩溶发育越强烈，溶隙的开启性越好，溶洞的规模越大，岩溶地面塌陷越严重。

2. 覆盖层厚度、结构和性质

发生于覆盖型岩溶分布区的岩溶地面塌陷与覆盖层岩土体的厚度、结构和性质存在着密切的关系。大量调查统计结果显示，覆盖层厚度小于10m发生岩溶地面塌陷的机会最多，覆盖层厚度为10~30m以上只有零星岩溶地面塌陷发生。覆盖层岩性结构对岩溶地面塌陷的影响表现为颗粒均一的砂性土最容易产生岩溶地面塌陷；层状非均质土、均一的黏性土等不易落入下伏的岩溶洞穴中。另外，当覆盖层中有土洞时，容易发生岩溶地面塌陷；土洞越发育，岩溶地面塌陷越严重。

3. 地下水运动

强烈的地下水运动，不但促进了可溶岩洞隙的发展，而且是形成岩溶地面塌陷的重要动力因素。地下水运动的作用方式包括：溶蚀作用、浮托作用、侵蚀及潜蚀作用、搬运作用等。所以，岩溶地面塌陷多发育在地下水运动速度快的地区和地下水动力条件发生剧烈变化的时期，如大量开采地下水而形成的降落漏斗地区极易发生岩溶地面塌陷。

4. 动力条件

引起岩溶地面塌陷的动力条件主要是水动力条件，由于水动力条件的改变可使岩土体应力平衡发生改变，从而诱发岩溶地面塌陷。水动力条件发生急剧变化的原因主要有降水、水库蓄水、井下充水、灌溉渗漏及严重干旱、矿井排水或高强度抽水等。除水动力条件外，地震、附加荷载、人为排放的酸碱废液对可溶岩的强烈溶蚀等均可诱发岩溶地面塌陷。

(四) 岩溶地面塌陷的危害

岩溶地面塌陷的产生，一方面使岩溶区的工程设施，如工业与民用建筑、城镇设施、道路路基、矿山及水利水电设施等遭到破坏；另一方面造成岩溶区严重的水土流失、自然环境恶化，同时影响各种资源的开发利用。

1. 对矿山的危害

岩溶地面塌陷可成为矿坑充水的诱发型通道，严重威胁矿山开采。例如，淮南谢家集矿区，因矿井疏干排水，河底岩溶盖层很快产生塌陷，河水瞬间灌入地下，岸边的房屋也遭受破坏。湖北武汉武钢集团中南轧钢厂，因附近开采岩溶地下水，在该厂区内发生地面塌陷，形成5个陷坑，大者直径达16~22m，深8~10m，共造成1500t生产用煤和600t钢坯陷入地下。

2. 对城市建筑的危害

在城市地区，岩溶地面塌陷常常造成建筑物破坏、市政设施损毁。例如，辽宁省海城地区大地震诱发产生了大规模的岩溶地面塌陷，共出现陷坑200多处，直径一般为3~4m，最大达10m，深几米至几十米不等。岩溶地面塌陷破坏了大量耕地，并造成个别民房倒塌。又如，发生于桂林市市中心的体育场塌陷，虽然塌陷坑直径只有9.5m，深度也只有5m，但由于塌陷紧靠"小香港"商业街，造成整个商业街关闭15天，营业额损失近千万元。

3. 对道路交通的影响

辽宁省瓦房店三家子岩溶地面塌陷，范围为1.2km²，共有大小陷坑25个，一般坑长20~40m，宽5~35m。该塌陷使长春—大连铁路约20m路基遭到破坏，累计停运8h5min。一些通信设施及农田被毁，44间民房开裂，66眼水井干枯。

4. 对坝体的影响

云南省个旧市云锡公司新冠选矿厂火谷都尾矿坝因岩溶地面塌陷突然发生，坝内$1.5×10^6 m^3$泥浆水奔腾而出，冲毁下游农田5.3km²和部分村庄、公路、桥梁等，造成多人死亡和受伤。

(五) 岩溶地面塌陷工程地质勘查与评价

各种岩溶形态和塌陷的发生危及地面建（构）筑物的稳定和人类的生命财产安全，由岩溶引起的自然灾害也往往给工农业生产带来损失。所以，岩土工程评价中不但要评价其现状，更要着眼于工程有效使用期限内溶蚀作用继续对工程的影响。

岩溶地面塌陷是环境工程地质条件变化的自然现象，在岩溶发育地区岩土工程勘察的任务是运用各种勘探手段，结合岩土工程和环境工程地质知识判定岩溶的类型、发育形态、发育强度，从而评价和论证岩溶场地的稳定性、渗漏性和建设的适宜性，并提出稳定性分区，对于拟用地段要提出经济合理、技术可行的处理措施，以作为工程建设设计的依据。

1. 岩溶勘查

拟建工程场地或其附近存在对工程安全有影响的岩溶时，应进行岩溶勘查。

（1）各勘查阶段的要求如下：①可行性研究勘查。要查明岩溶洞隙的发育条件，并对其危害程度和发展趋势做出判断。②初步勘查。要查明岩溶洞隙的分布、发育程度和发育规律，并按场地的稳定性和适宜性进行分区。③详细勘查。要查明拟建工程范围及有影响地段的各种岩溶洞隙的位置、规模、埋深，岩溶充填物的性状和地下水特性，对地基基础的设计和岩溶的治理提出建议。④施工勘查。要针对某一地段或尚待查明的专门问题进行补充勘查。当采用大直径嵌岩桩时，应进行专门的桩基勘查。

（2）岩溶勘查的主要内容与方法：岩溶勘查宜采用工程地质测绘和调查、地球物理勘探和勘探取样等多种手段结合的方法进行。

工程地质测绘和调查。重点调查下列问题：

A. 岩溶洞隙的类型、形态、分布和发育规律。岩溶洞隙类型一般可分为：地表岩溶地貌包括石芽、溶沟、溶槽、漏斗、竖井、落水洞、溶蚀洼地、溶蚀、谷地、孤峰和峰林等；地下岩溶地貌主要为溶洞和地下暗河。

B. 岩面起伏、形态和覆盖层厚度。

C. 地下水赋存条件、水位变化和运动规律。

D. 岩溶发育与地貌、地质构造、地层岩性、地下水的关系。

a. 地貌：岩溶发育与所处地貌部位、地貌发展史、水文网、相对高程的关系。

b. 地质构造：地质构造部位，断裂带的位置、规模、性质，主要节理裂隙的延伸方向，新构造运动的性质和特点。

c. 地层岩性：可溶性岩层和非可溶性岩层的分布和接触关系，可溶性岩层的成分、结构和溶解性、第四系土层的成因类型和分布等。

d. 地下水：岩溶地下水的埋藏、补给、径流和排泄情况，水位动态变化及水力连通情况，场地受岩溶地下水淹没的可能性。

E. 当地治理岩溶的经验。

地球物理勘探：

A. 工作特点

地球物理勘探多用于可行性研究和初步勘查阶段。使用时应注意其适用条件，不宜以未加验证的物探成果直接作为施工图设计和地基处理的依据。要尽量采取多种方法相互印证、综合判释。

B. 工作量布置

物探测线、测点宜按先面后点、先疏后密、先地面后地下、先控制后一般的原则布置实施。测线一般应垂直于岩溶发育带。当发现或预计有可能存在危害工程的洞隙时，要加密测点。

C. 工作方法

为满足不同的探测目的和要求，可采用下列物探方法：复合对称四极剖面法辅以联合剖面法、浅层地震法、钻孔间地震法等，主要用于探测岩溶洞隙的分布、位置及相关的地质构造、基岩面起伏等；无线电波透视法、波速测试法、探地雷达法、电测深配合电剖面法、电视测井法等，主要用于探测岩溶洞穴的位置、形状、大小及充填状况等；充电法、自然电场法，主要用于追索地下暗河河道位置、测定地下水流速和流向等。

地下水位畸变分析法：在岩溶强烈发育地带，尤其在管状通道（暗河）处，地下水由于流动阻力小，将会形成坡降相对较平缓的"凹槽"，而在其他地段将形成陡坡的"坡"。同时，其水位的稳定过程也有很大不同。在不同钻孔中，同时进行各钻孔的地下水位的连续监测工作，可以帮助分析、判断基岩中各地段的岩溶发育程度。

勘探与取样：

A. 勘探方法

a. 岩芯钻探和土层钻探：主要用于查明岩层或土层的成分、性质、结构、厚度、产状、地质构造，基岩面起伏和埋藏深度，溶洞顶板厚度，溶洞充填情况、充填物性质，地下溶洞、暗河的分布形状、规模，地下水的埋深、性质、动态变化及水动力特征等。钻探也用于验证工程地质测绘和物探成果对岩溶状况的判断及采取试样进行室内试验工作。

b. 小口径钻探：取芯钻孔用于鉴定岩芯或土层；风镐钻孔可用于进行某些物探工作，如超声波探测。

c. 井探、槽探、硐探：当钻探方法难以准确查明地下情况或基岩浅埋且岩性是控制因素时，可采用井探、槽探，主要用于查明浅部岩溶洞隙的形态、规模和发育状况，断层分布、岩组分界等；对大型工程，必要时可采用硐探。

B. 勘探点的布置

a. 勘探点的间距：勘探线应沿建筑物轴线布置，勘探点间距不应大于《岩土工程勘察规范》(GB50021-2001)中的相关规定，一般应符合对复杂场地、复杂地基的要求。在以下8种地段应进行重点勘察，并加密勘探点：地面塌陷、地表水消失的地段；地下水强烈活动的地段；可溶性岩层与非可溶性岩层接触的地段；基岩埋藏较浅且起伏较大的石芽发育地段；软弱土层分布不均的地段；物探成果异常或基础下有溶洞、暗河分布的地段；对于复杂场地，每个独立基础或重要设备基础处均应布置勘探点；对一柱一桩基础，宜每柱每桩布置勘探点。

b. 勘探点的深度：勘探点深度应符合《岩土工程勘察规范》(GB50021-2001)中的相关规定，且应满足以下5点要求：当基础底面以下土层厚度不大于独立基础宽度的3倍或条形基础宽度的6倍且具备形成土洞或其他地面变形条件时，应有部分或全部勘探点钻入基岩；当预定深度内有洞体存在，且可能影响地基稳定时，应钻入洞底基岩面下不少于2m，必要时应圈定洞体范围；对重大建筑物基础应适当加深勘探深度；对大直径嵌岩桩勘探点应逐桩布置，勘探深度应不小于桩底面下3倍桩径并不小于5m，当相邻桩底的基岩面起伏较大时应适当加深勘探深度；为验证物探异常带布置的勘探点，一般应钻入异常带以下适当深度。

C. 测试、试验与监测

岩溶勘察的测试、试验和监测应考虑下列要求：追索隐伏洞隙的联系时，可进行连通试验；当评价洞隙稳定性时，可采取洞体顶板岩样和充填物土样做物理力学性质试验，必要时可进行现场顶板岩体的载荷试验。为了推断溶洞的形成和发育历史，尚可用热释光法测定钟乳石的绝对年龄，用(法测试洞中充填物的绝对年龄。

2. 岩溶地基稳定性评价

在碳酸盐类岩石地区，当有溶洞、溶蚀裂隙、土洞等存在时，必须考虑其对地基稳定性的影响，从而进行地基稳定性评价。

(1) 岩溶对地基稳定性的影响。①在地基主要受力范围内，若有溶洞、暗河等，在附加荷载或振动荷载作用下，溶洞顶板坍塌，使地基突然下沉。②溶洞、溶槽、石芽、漏斗等岩溶形态造成基岩面起伏较大，或者有软土分布，使地基不均匀下沉。③基础埋置在基岩上，其附近有溶沟、竖向溶蚀裂隙、落水洞等，有可能使基础下岩层沿倾向于上述临空面的软弱结构面产生滑动。④基岩和上覆土层内，由于岩溶地区较复杂的水文地质条件，所以易产生新的岩土工程问题，造成地基恶化。

(2) 地基稳定性的定性评价。当场地存在下列情况之一时，可判定为未经处理不宜作为地基的不利地段：

A. 浅层洞体或溶洞群，洞径大，且不稳定的地段。

B. 埋藏的漏斗、槽谷等，并覆盖有软弱土体的地段。

C. 岩溶水排泄不畅，可能暂时淹没的地段。

当地基属下列条件之一时，对二级和三级工程可不考虑岩溶稳定性的不利影响：

A. 基础底面以下土层厚度大于独立基础宽度的 3 倍或条形基础宽度的 6 倍，且不具备形成土洞或其他地面变形的条件。

B. 基础底面与洞体顶板间土层厚度虽小于 A 的规定，但符合下列条件之一时也会产生不利影响。

a. 洞隙或岩溶漏斗被密实的沉积物填满，且无被水冲蚀的可能。

b. 洞体由基本质量等级为Ⅰ级或Ⅱ级的岩体组成，顶板岩石厚度大于或等于洞跨。

c. 洞体较小，基础底面尺寸大于洞的平面尺寸，并有足够的支承长度。

d. 宽度或直径小于 1m 的竖向洞隙、落水洞近旁地段。

当不符合上述可不考虑岩溶稳定性不利影响的条件时，应进行洞体地基稳定性分析，并符合下列规定：

A. 当顶板不稳定，但洞内为密实堆积物充填，且无流水活动时，可认为堆填物能受力，作为不均匀地基进行评价。

B. 当能取得计算参数时，可将洞体顶板视为结构自承重体系进行力学分析。

C. 有工程经验的地区，可按类比法进行稳定性评价。

D. 当基础近旁有洞隙和临空面时，应验算向临空面倾覆或沿裂面滑移的可能性。

E. 当地基为石膏、岩盐等易溶岩时，应考虑溶蚀继续作用的不利影响。

F. 对不稳定的岩溶洞隙可建议采取地基处理措施或桩基础。

G. 常用的地基稳定性评价方法，是一种经验比拟方法，仅适用于一般工程。其特点是根据已查明的地质条件，结合基底荷载情况，对影响溶洞稳定性的各种因素进行分析比较，做出稳定性评价。

（六）岩溶地面塌陷的防治措施

1. 控水措施

要避免或减少地面塌陷的产生，根本的办法是减少岩溶充填物和第四系松散土层被地下水侵蚀、搬运。

（1）地表水防水措施。在潜在的塌陷区周围修建排水沟，防止地表水进入塌陷区，减少向地下的渗入量。在地势低洼、洪水严重的地区围堤筑坝，防止洪水灌入岩溶孔洞。对塌陷区内严重淤塞的河道进行清理疏通，加速泄流，减少对岩溶水的渗漏补给。对严重漏水的河溪、库塘进行铺底防漏或者人工改道，以减少地表水的渗入。对严重漏水的塌陷洞隙采用黏土或水泥灌注填实，采用混凝土、石灰土、水泥土、氯丁橡胶、玻璃纤维涂料等封闭地面，增强地表土层抗蚀强度，均可有效防止地表水冲刷入渗。

（2）地下水控水措施。根据水资源条件规划地下水开采层位、开采强度和开采时间，合理开采地下水。在浅部岩溶发育、并有洞口或裂隙与覆盖层相连通的地区开采地下水时，应主要开采深层地下水，将浅层水封住，这样可以避免岩溶地面塌陷的产生。在矿山疏干排水时，预测可能出现塌陷的地段，对地下岩溶通道进行局部注浆或帷幕灌浆处理，减小矿井外围地段地下水位下降幅度，这样既可避免塌陷的产生，也可减小矿坑涌水量。开采地下水时，要加强动态观测工作，以此用来指导合理开采地下水，避免产生岩溶地面塌陷。必要时进行人工回灌，控制地下水水位的频繁升降，保持岩溶水的承压状态。在地下水主要径流带修建堵水帷幕，减少区域地下水补给。在矿区修建井下防水闸门，建立有效的排水系统，对水量较大的突水点进行注浆封闭，控制矿井突水、溃泥。

2. 工程加固措施

(1) 清除填堵法。该方法常用于相对较浅的塌坑或埋藏浅的土洞。首先清除其中的松土，填入块石、碎石形成反滤层，其上覆盖以黏土并夯实。对于重要建筑物，一般需要将坑底与基岩面的通道堵塞，可先开挖然后回填混凝土或设置钢筋混凝土板，也可进行灌浆处理。

(2) 跨越法。用于比较深大的塌陷坑或土洞。对于大的塌陷坑，当开挖回填有困难时，一般采用梁板跨越，两端支承在坚固岩、土体上的方法。对建筑物地基而言，可采用梁式基础、拱形结构，或以刚性大的平板基础跨越、遮盖溶洞，避免塌陷危害。对道路路基而言，可选择塌陷坑直径较小的部位，采用整体网格垫层的措施进行整治。若覆盖层塌陷的周围基岩稳定性良好，也可采用桩基栈桥方式使道路通过。

(3) 强夯法。在土体厚度较小、地形平坦的情况下，采用强夯砸实覆盖层的方法来消除土洞，提高土层的强度。通常利用 10~12t 的夯锤对土体进行强力夯实，可压密塌陷后松软的土层或洞内的回填土，提高土体强度，同时消除隐伏土洞和松软带，这是一种预防与治理相结合的措施。

(4) 钻孔充气法。随着地下水位的升降，溶洞空腔中的水气压力产生变化，可能出现气爆或冲爆塌陷，所以，在查明地下岩溶通道的情况下，将钻孔深入到基岩面下溶蚀裂隙或溶洞的适当深度，设置各种岩溶管道的通气调压装置，从而破坏真空腔的岩溶封闭条件，平衡其水、气压力，减少发生冲爆塌陷的机会。

(5) 灌注填充法。在溶洞埋藏较深时，通过钻孔灌注水泥砂浆，填充岩溶孔洞或缝隙、隔断地下水流通道，达到加固建筑物地基的目的。灌注材料主要是水泥、碎料(砂、矿渣等)和速凝剂(水玻璃、氧化钙)等。

(6) 深基础法。对于一些深度较大，跨越结构无能为力的土洞、塌陷，通常采用桩基工程，将荷载传递到基岩上。

(7) 旋喷加固法。在浅部用旋喷桩形成——"硬壳层"，在其上再设置筏形基础。"硬壳层"厚度根据具体地质条件和建筑物的设计而定，一般为

10~20m 即可。

3. 非工程性的防治措施

（1）开展岩溶地面塌陷风险评价。目前，岩溶地面塌陷评价只局限于根据其主要影响因素和由模型试验获得的临界条件进行潜在塌陷危险性分区，这对岩溶地面塌陷防治决策而言是远远不够的。所以，在岩溶地面塌陷评价中，需开展环境地质学、土木工程学、地理学、城市规划、经济学、管理学等多领域、多学科协作，对潜在塌陷的危险性、生态系统的敏感性、经济与社会结构的脆弱性进行综合分析，才能达到对岩溶地面塌陷进行风险评价的目的。

（2）开展岩溶地面塌陷试验研究。开展室内模拟试验，确定在不同条件下岩溶地面塌陷发育的机理、主要影响因素及塌陷发育的临界条件，进一步揭示岩溶地面塌陷发育的内在规律，为岩溶地面塌陷防治提供理论依据。

（3）增强防灾意识，建立防灾体系。广泛宣传岩溶地面塌陷灾害给人民生命财产带来的危害和损失，加强岩溶地面塌陷成因和发展趋势的科普宣传。在国土规划、城市建设和资源开发之前，要充分论证工程地质环境效应，预防人为地质灾害的发生。建立防治岩溶地面塌陷灾害的信息系统和决策系统。在此基础上，按轻重缓急对岩溶地面塌陷灾害开展分级、分期的整治计划。与此同时，充分运用现代科学技术手段，积极推广岩溶地面塌陷灾害综合勘查、评价、预测预报和防治的新技术与新方法，逐步建立岩溶地面塌陷灾害的评估体系及监测预报网络。

五、采空区地面塌陷

（一）采空区的定义

地下矿层采空后形成的空间称为采空区。当其上部岩层失去支撑，平衡条件被破坏，随之产生弯曲、塌落，以致发展到地表移动变形，导致地表各类建筑物变形破坏，甚至倒塌，则称为采空区地面塌陷。

采空区分为老采空区、现采空区、未来采空区三类。老采空区是指历史上已经开采的采空区，现已停止开采；现采空区是指正在开采的采空区；未来采空区是指计划开采而尚未开采的采空区。

(二) 地下开采引起的岩层移动

局部矿体被采出后，在岩体内部形成一个空洞，其周围原有的应力平衡状态受到破坏，引起应力的重新分布，直至达到新的平衡，即岩层产生移动和破坏，这一过程和现象为岩层移动。

1. 岩层移动形式

岩层移动主要有以下形式。

(1) 弯曲；

(2) 岩层的垮落 (或称冒落)；

(3) 煤的挤出 (又称片帮)；

(4) 岩石沿层面的滑移；

(5) 垮落岩石的下滑 (或滚动)；

(6) 底板岩层的隆起。

以上6种岩层移动形式不一定同时出现在某一个具体的移动过程中。

2. 移动稳定后采动岩层内的三带

矿层采空后，顶板岩层的移动变形因岩层性质和开采条件不同，变形的表现形式、分布状态和程度也就不同，对水平及缓倾斜矿层一般可将其垂直方向的变形分为冒落带、裂隙带、弯曲带三带。

上述三带并没有明显的分界线，相邻两带之间一般是渐变过渡，也不是所有采空区都形成上述三带。

(三) 地下开采引起的地表移动与破坏

1. 地表移动与破坏的主要形式

当采空区面积扩大到一定范围后，岩层移动发展到地表，使地表产生移动与变形。在采深和采厚的比值较大时，地表的移动与变形在空间和时间上是连续的、渐变的，分布有一定的规律性，这种情况称为连续的地表移动。当采深和采厚的比值较小(一般小于3)或具有较大的地质构造时，地表的移动与变形在空间和时间上将是不连续的，移动与变形的分布没有严格的规律性，地表可能出现较大的裂缝或塌陷坑，这种情况称为非连续的地表移动。

地表移动与破坏的形式，归纳起来有下列几种。

（1）地表移动盆地；

（2）裂缝；

（3）台阶状塌陷盆地；

（4）塌陷坑。

2. 地表移动盆地的特征

（1）在移动盆地内，各个部分的移动和变形性质及大小不尽相同。在采空区上方地表平坦，达到充分采动、采动影响范围内没有大的地质构造条件下，最终形成的静态地表移动盆地可划分为3个区域。①移动盆地的中间区域（又称中性区域）：移动盆地的中间区域位于盆地的中央部位。在此范围内，地表下沉均匀，地表下沉值达到该地质采矿条件下应有的最大值，其他移动和变形值近似于零，一般不出现明显裂缝。②移动盆地的内边缘区（又称压缩区域）：移动盆地的内边缘区一般位于采空区边界附近到最大下沉点之间。在此区域内，地表下沉值不等，地面移动向盆地的中心方向倾斜，呈凹形，产生压缩变形，一般不出现裂缝。③移动盆地的外边缘区（又称拉伸区域）：移动盆地的外边缘区位于采空区边界到盆地边界之间。在此区域内，地表下沉不均匀，地面移动向盆地中心方向倾斜，呈凸形，产生拉伸变形。当拉伸变形超过一定数值后，地面将产生拉伸裂缝。

应当指出，在地表刚达到充分采动或非充分条件下，地表移动盆地内不出现中间区域。

（2）开采水平矿层、缓倾斜（倾角 α<15°）矿层时，地表移动盆地有下列特征。①地表移动盆地位于采空区的正上方。地表移动盆地的中心（最大下沉点所在的位置）和采空区中心一致，最大下沉点和采空区中心点的连线与水平线夹角（最大下沉角）为90°，地表移动盆地的平底部分位于采空区中部的正上方。②地表移动盆地的形状与采空区对称。如果采空区的形状为矩形，则地表移动盆地的平面形状为椭圆形。③地表移动盆地内外边缘区的分界点（移动盆地区拐点），大致位于采空区边界的正上方或略有偏离。

（3）开采倾斜（倾角 α 为 15°~55°）矿层时，地表移动盆地有下列特征。①在倾斜方向上，地表移动盆地的中心（最大下沉点处）偏向采空区的下山方向，和采空区中心不重合。最大下沉点同采空区几何中心的连线与水平线在下山一侧夹角（最大下沉角）小于90°。②地表移动盆地与采空区的相对位置，在走向方向上对称于倾斜中心线，而在倾斜方向上不对称，矿层倾角越大，这种不对称性越加明显。③地表移动盆地的上山方向较陡，移动范围较小；下山方向较缓，移动范围较大。④采空区上山边界上方地表移动盆地拐点偏向采空区内侧，采空区下山边界上方地表移动盆地拐点偏向采空区外侧。

拐点偏离的位置大小与矿层倾角和上覆岩层的性质有关。

(4) 开采急倾斜（倾角 $\alpha>55°$）矿层时，地表移动盆地有下列特征。①地表移动盆地形状的不对称性更加明显。工作面下边界上方地表的开采影响达到开采范围以外很远；上边界上方开采影响则达到矿层底板岩层。整个地表移动盆地明显地偏向矿层下山方向。②最大下沉值不出现在采空区中心正上方，而向采空区下边界方向偏移。③地表的最大水平移动值大于最大下沉值，最大下沉角小于90°。④急倾斜矿层开采时，不出现充分采动的情况。

3. 地表移动盆地边界确定

(1) 地表移动盆地划分如下三个边界。①地表移动盆地的最外边界：地表受开采影响的边界线，目前一般以下沉的点作为圈定移动盆地最外边界的依据。②地表移动盆地的危险移动边界：以盆地内的地表移动与变形对建筑物有无危害而划分的边界。③地表移动盆地的裂缝边界：根据地表移动盆地内最外侧裂缝圈定的边界。

(2) 圈定边界的角值参数。通常用角值参数圈定地表移动盆地边界。角值参数主要是边界角、移动角、裂缝角和松散层移动角。

(四) 塌陷区地表变形因素

1. 矿层因素

矿层埋深越大，地表变形值越小，变形较平缓均匀，但地表移动盆地的范围增大；矿层厚度大，地表变形值大，矿层倾角大，水平移动值大。

2. 岩性因素

上覆岩层强度高、分层厚度大时，地表变形所需采空面积要大，破坏过程所需时间长，厚度大的坚硬岩层，可长期不产生地表变形；强度低、分层薄的岩层，常产生较大的地表变形，速度快，变形均匀，地表一般不出现裂缝；脆性岩层地表易产生裂缝；当厚的塑性大的软弱岩层覆盖于硬脆的岩层上时，硬脆岩层产生的破坏，常会被前者缓冲或掩盖，使地表变形平缓；一旦上覆软弱岩层较薄，则地表变形很快，并出现裂缝；若岩层软硬相间且倾角较陡时，接触处常出现层离现象，地表出现变形；此外，地表第四纪堆积物越厚，地表变形越大，但地表变形平缓均匀。

3. 地下水因素

地下水活动可加快地表变形速度，扩大地表变形范围，增大地表变形值，特别是抗水性弱的岩层。

4. 开采条件因素

矿层的开采和顶板处置方法及采空区的大小、形状，工作面推进速度等，都影响地表变形值、变形速度和变形的形式。

（五）采空区勘查

采空区勘查应分别查明老采空区上覆岩层的稳定性，预测现采空区和未来采空区地表移动变形的特征和规律性；并判定其作为建筑场地的适宜性和对建筑物的危害性。采空区的勘查应以搜集资料和调查为主。

（1）矿层的分布、层数、厚度、深度、埋藏特征和开采层的上覆岩层的岩性、构造等。

（2）矿层开采的范围、深度、厚度、时间、方法和顶板管理方法，采空区的塌落、密实程度、空隙和积水情况。

（3）地表变形特征和分布，包括地表陷坑、台阶、裂缝的位置、形状、大小、深度、延伸方向及其与地质构造、开采边界、工作面推进方向等的关系。

（4）地表移动盆地的特征，划分中间区、内边缘区和外边缘区，确定地表移动和变形的特征值。

（5）采空区附近的抽水和排水情况及其对采空区稳定的影响。

（6）搜集建筑物变形和防治措施的经验。

（六）采空区场地建筑适宜性评价

在采空区进行建筑时，应该根据地表移动特征、地表移动所处阶段、地表变形值的大小和上覆岩层的稳定性划分不宜建筑的场地和相对稳定可以建筑的场地。

在开采过程中可能出现非连续变形的地段、地表移动处于活跃阶段的地段、特厚矿层和倾角大于55°的厚矿层露头地段、由于地表移动和变形可能引起边坡失稳和山崖崩塌的地段、地表倾斜大于10mm/m或地表曲率大于0.6mm/m或地表水平变形大于6mm/m的地段，不宜作为建筑场地。

下列地段作为建筑场地时，应评价其适宜性。

(1) 采空区采深采厚比小于30的地段。

(2) 采深小、上覆岩层极坚硬，并采用非正规开采方法的地段。

(3) 地表倾斜为3~10mm/m或地表曲率为0.2~0.6mm/m或地表水平变形为2~6mm/m的地段。

(七) 采空区地面塌陷的防治措施

1. 预防采空区地面塌陷的技术工艺措施

(1) 矿井充填，减小地表下沉量。对采空区进行充填，是预防采空区地面塌陷的一项重要措施。

主要方法有：用煤矸石或过火矸充填采空区，把白矸留在井下用洗矸回填采空区，用粉煤灰充填，对中厚煤层的采空区进行水砂充填，即用过火矸、粉煤灰加产量絮凝剂作矿井充填材料，只要粗细颗粒搭配适当，就能降低孔隙度，提高强度。

(2) 减少开采厚度或采用条带法开采，控制地表变形值不超过对建筑物的容许极限值。

(3) 增大采空区宽度，使地表下沉缓慢，从而使地表移动充分，建筑物很快处于盆地中部的均匀下沉区。

(4) 均匀控制开采推进速度，避免工作面长期停在建筑物下方，合理进行协调开采。

2. 在建筑物设计方面的防治措施

(1) 在矿区进行建筑工程设计时建筑物长轴应垂直工作面方向，目的是发生采空塌陷时，地基变形较同步，减少建筑物的破坏程度。为防止塌陷发生时地基应力状态的改变而使沉降不均，须使建筑物平面形态力求简单，以矩形为宜。基础底部应位于同一标高和岩性均一的地层上，否则应用沉降缝将基础分开。当基础埋深有变化时，要采用台阶，尽量不采用柱廊和独立柱。

（2）小窑采空塌陷地表裂缝地段属不稳定地段，建筑物应避开，要有一定的安全距离。安全距离的大小以建筑物的性质而定，一般应大于15m。

3. 土地整治

平原地区人口众多，土地短缺问题极为突出，而地面塌陷又对耕地造成了大量破坏，这就更加剧了人地之间的矛盾，所以对塌陷区土地进行复垦整治就成为地面塌陷治理的主要任务。根据多年的土地整治实践，可以采用以下4个方法进行土地整治。

（1）疏干法。该方法应用于潜水位不太高、地表下沉不大，且正常的排水措施和地表整修工程能保证土地的恢复利用，所以这种方法多用在低潜水位地区。它的优点是工程量小，投资少，见效快，且不改变土地原用途，但需对配套的水利设施进行长期有效的管理，以防洪涝，保证塌陷地的持续利用。由于这种方法应用条件局限性大，所以仅适用于少量的采煤塌陷地的缓坡地段。河南神火集团有限公司土地复垦实践证明，对于地下浅水位相对较低，地面倾角小，易发生季节性积水的塌陷地，通过开挖沟渠，形成有效水利系统，可将塌陷地复垦成良田。

（2）挖深垫浅法。这种方法就是用挖掘机械（如推土机、水力挖塘机组）将塌陷深的区域再挖深，形成水（鱼）塘，取出的土方充填塌陷浅的区域，从而形成耕地，达到水产养殖和农业种植并举的利用目标。它主要用于塌陷较深、有积水的高、中潜水位地区，还应满足挖出的土方量大于或等于充填所需土方量且水质适宜于水产养殖。由于这种方法操作简单、适用面广、经济效益高、生态效益显著，所以被广泛用于采煤塌陷地的复垦。

（3）充填复垦。这种方法已在我国不少地方进行了实践，如抚顺矿务局用露天矿剥离物充填塌陷地，淮北岱河、朔里煤矿用煤矸石充填塌陷地，淮北相城矿用粉煤灰充填塌陷地。该方法多用于有足够的充填材料且充填材料无污染或污染可经有效防治的地区。该方法有一定的局限性，且可能造成二次污染。但这种方法既解决了塌陷地复垦，又解决了矿山固体废弃物的处理，所以，其经济效益最佳。但前提是充填物易获取，且无污染。

(4) 直接利用法。对于大面积的塌陷地，特别在大面积积水或积水很深的水域及未稳定塌陷地或暂难复垦的塌陷地，常根据塌陷地现状因地制宜地直接加以利用，如网箱养鱼、养鸭、种植浅水藕或耐湿作物等。

六、土洞塌陷

土洞塌陷是在有覆盖层的岩溶发育区，在特定的水文地质条件下使岩面以上的土体遭到流失迁移而形成土中的洞穴和洞内塌落堆积物及引发地面变形破坏的总称。土洞是岩溶的一种特殊形态，是岩溶范畴内的一种不良地质现象，由于其发育速度快、分布密，对工程的影响远大于岩洞。土洞继续发展，易形成地表塌陷。

（一）土洞塌陷的成因

形成土洞塌陷的原因很多，如潜蚀作用、真空吸蚀效应、压强差效应、浮力效应、土体强度效应、振动、荷载等，目前认识尚不一致。由于当地条件不同，因此产生土洞塌陷的原因也不同，可能是以一种原因为主导，多种因素综合作用的结果。

1. 潜蚀作用

在覆盖型岩溶区，下伏存在溶蚀空洞，地下水经覆盖层向空洞渗流（或地下水位下降时，水力梯度增大），在一定的水压力作用下，地下水对土体或空隙中的填充物进行冲蚀、掏空，从而在洞体顶板处的土体开始形成土洞，随着土洞的不断扩大，最终引发土洞顶塌落。当土层较厚或有一定深度时，可以形成塌落拱而维持上覆土层的整体稳定；当土层较薄时，土洞不能形成平衡，于是导致土洞塌陷。

2. 真空吸蚀效应

岩溶网络的封闭空腔（溶洞或土洞）中，当地下水位大幅度下降到封闭空腔盖层底面下时，地下水由承压转为无压，封闭空腔上部便形成低气压状态的真空，产生抽吸力，通过吸盘吸蚀作用、封闭空腔吸蚀作用、漩吸漏斗吸蚀作用来吸蚀顶板的土颗粒。同时由于内外压作用，覆盖层表面出现一种"冲压"作用，从而加速土体破坏。

不过，自然地质环境中，很难具备密封的岩溶空腔条件。真空吸蚀的极限是一个大气压，真空吸蚀力不大；一旦土洞塌陷发生，封闭状态破坏，在塌陷发生的中后期，则不可能连续发生土洞塌陷，这与许多土洞塌陷案例不符；一旦发生漩吸漏斗吸蚀作用，则不存在真空吸蚀，因为此时盖层已破坏；真空吸蚀同样难以解释同步土洞塌陷。所以，真空吸蚀效应还要继续探讨。

3. 压强差效应

压强差是指岩溶空腔与松散介质（或土洞）接触面上下侧水、气流体，因岩溶管道水位变化而产生相应的压强差值，从而导致土洞塌陷。

4. 自重效应

雨水入渗后，盖层饱和重度比干重度一般增加30%~40%，使土拱承受更大的重力，从而导致土洞塌陷。

5. 浮力效应

当岩土体位于地下水位之中，在地下水位下降时，除产生压强差效应外，岩土体的浮托力也随之减小，从而导致土洞塌陷。

6. 土体强度效应

土体吸水饱和后，土体抗剪强度降低，土拱抗塌力减小，产生塌陷。除以上几点外，振动、荷载等因素也易致土洞塌陷。

（二）土洞的成因分类与发育规律

1. 土洞的成因分类

（1）地表水形成的土洞。在地下水深埋于基岩面以下的岩溶发育地区，地表水沿上覆土层中的裂隙、生物孔洞、石芽边缘等通道渗入地下，对土体起着冲蚀、淘空作用，逐渐形成土洞。

（2）地下水形成的土洞。当地下水位在上覆土层与下伏基岩交界面处作频繁升降变化时，当地下水位上升到高于基岩面时，土体被水浸泡，便逐渐湿化、崩解，形成松软土带；当地下水位下降到低于基岩面时，水对松软土产生潜蚀、搬运作用，在岩土交界处易形成土洞。

2. 土洞的发育规律

（1）土洞与下伏基岩中岩溶发育的关系。土洞是岩溶作用的产物，它的分布同样受岩溶发育的岩性、岩溶水和地质构造等因素的控制。土洞发育区通常是岩溶发育区。

(2) 土洞与土质、土层厚度的关系。土洞多发育在黏性土中。黏性土中亲水、易湿化、崩解的土层、抗冲蚀力弱的松软土层易产生土洞；土层越厚，出现土洞塌陷现象的时间越长。

(3) 土洞与地下水的关系。由地下水形成的土洞大部分分布在高水位与平水位之间，在高水位以上和低水位以下，土洞少见。

(三) 土洞的形成过程

(1) 当地下水动力条件改变时，原来被堵塞的洞隙及与其相连的下部排水通道复活，重新成为地下水集中活动的地段。

(2) 地下水位上升，抗水性差的土强烈崩解，一部分顺喇叭口落入下部溶洞中，初步形成上覆土层中的土洞。

(3) 土颗粒沿岩溶洞隙继续被地下水带走，上覆土中空洞逐渐扩大，向上呈拱形发展。

(4) 土洞进一步扩大，向地表发展，顶板渐薄，当拱顶薄到不能支持上部土的重力时，便突然发生塌落。

(5) 坍塌后，地面成为地表径流汇集的场所，大量堆积物日益聚集，使底部逐渐接近碟形洼地。其后杂草丛生，久而久之，地表夷平而无法辨认，土洞便暂时停止发展。

在土洞形成过程中，堆积在洞底的塌落土体有时不能被水带走，从而起堵塞通道的作用。若潜蚀大于堵塞，土洞将继续发展；反之，土洞将停止发展。所以，并不是所有的土洞都能发展到地表塌陷。

(四) 土洞勘查

1. 土洞勘查的重点部位

岩溶发育地区的下列部位适宜查明土洞和土洞群的位置。

(1) 土层较薄、土中裂隙及其下岩体洞隙发育部位。

(2) 岩面张开裂隙发育、石芽或外露的岩体与土体交接部位。

(3) 两组构造裂隙交汇处和宽大裂隙带。

(4) 隐伏溶沟、溶槽、漏斗等有上覆软弱土的负岩面地段。

(5) 地下水强烈活动于岩土交界面的地段和大幅度人工降水地段。

(6) 低洼地段和地表水体近旁。

2. 勘查的主要内容与方法

凡是岩溶地区有第四系土层分布的地段，都要注意土洞发育的可能性。应通过勘查查明土洞的分布、位置、大小、埋深，土洞的成因与形成条件，以及土洞发育有关的溶洞、溶沟、溶槽的分布，上覆土层的土性、厚度，地表水和地下水的分布与动态等。

土洞勘查的主要方法如下所述。

（1）物探：以电法勘探为主，用于查明土层厚度与洞径相近的潜埋个体土洞效果较好。

（2）原位测试：如静力触探、动力触探等，用于查明土洞和塌陷的位置、大小等。

（3）钎探：用于查明浅埋土洞的位置、大小。钎探布点宜先疏后密，间距决定于土洞个体；对独立基础和设备基础，可按梅花形网格状布置；对条形基础可按轴线布置。

（4）夯探：用一定质量夯锤沿基槽（坑）底夯击，对有空响回声的疑似土洞处，钎探复查。可用于探查基底下 1~2m 处浅埋的土洞。

（5）井探、槽探：可用于查明浅埋土洞的位置、大小，上覆土层的土性、厚度，相关的岩溶洞隙的分布，地下水的分布等。

（6）钻探：主要用于查明深埋土洞的位置、大小等。钻探深度：当基岩中岩溶较发育时，应按研究场地稳定性的需要确定钻孔深度，但深至岩溶水排泄基准面以下即可；当地下水位埋藏在土层中时，钻孔深度应至最低地下水位深度处。

（7）当需查明土的性状与土洞形成关系时，可进行土的湿化、胀缩、可溶性和剪切试验。

（8）当需查明地下水动力条件、潜蚀作用，地表水与地下水的联系。预测土洞塌陷时，需进行水的流速、流向测定与水位、水质的长期监测。

（五）土洞地基稳定性评价和地基处理措施

1. 土洞地基稳定性评价

（1）当场地存在下列情况之一时，可判定为未经处理不宜作为地基的地段。

A. 埋藏的漏斗、槽谷等，并覆盖有软弱土体的地段；

B. 土洞或塌陷成群发育地段；

C. 岩溶水排泄不畅，可能暂时淹没的地段。

（2）有地下水强烈活动于岩土交界面的岩溶地区，应考虑由地下水作用所形成的土洞对建筑地基的影响，并预估地下水位在使用期间变化的可能性及影响。

2. 地基处理措施

（1）由地表水形成的土洞或塌陷地段，应采取地表截流、防渗或堵漏等措施；对土洞应根据其埋深分别选用挖填、灌砂等方法处理。

（2）由地下水形成的塌陷土洞或浅埋土洞，应清除软土，抛填块石作反滤层，面层用黏土夯填；对深埋土洞，宜用砂、砾石或细石混凝土灌填。在上述处理的同时，应采用梁、板或拱跨越。对重要建筑物，可采用桩基处理。

第四章　斜坡地质灾害及防治

斜坡地质灾害，特别是崩塌、滑坡和泥石流，每年都造成巨额的经济损失和大量的人员伤亡。环太平洋地带地形陡峻、岩性复杂、构造发育、地震活动频繁、降水充沛，为斜坡地质灾害提供了必要的物质基础和条件；而全球人口在这一地带的高度集中与大规模的经济活动使这类地质过程更为普遍和强烈。

第一节　斜坡地质灾害的概述

一、斜坡失稳与滑坡

斜坡是指地壳表面具有侧向临空面的地质体，包括自然斜坡和人工边坡两种。自然斜坡是在一定地质环境中，在各种地质营力作用下形成和演化的自然历史过程的产物，如山坡、海岸、河岸等；人工边坡则是由于人类某种工程、经济活动而开挖或改造的斜坡，往往在自然斜坡基础上形成，其特点是具有较规则的几何形态，如建筑边坡、基坑边坡、路堑边坡和露天矿边坡等。

人工边坡是人类工程活动中最基本的地质环境之一，也是工程建设中最常见的工程形式。在实际工程中，由于设计或施工不当，或因地质条件的特殊复杂性难以预计，人工边坡中一部分坡体相对于另一部分坡体产生相对位移以至丧失原有稳定性，从而形成滑坡。滑坡是斜坡变形破坏的一种体现形式，是一种重要的地质灾害。

斜坡由于表面倾斜，在岩土体自重及降水等各种内外地质营力作用下，经历各种不同的发展演化阶段，并导致坡体内应力不断发生变化，整个岩土体都有从高处向低处滑动的趋势，如果岩土体内某个面上的下滑力超过抗滑力，或者面上每点的剪应力达到抗剪强度，若无支挡就可能发生滑坡，引起不同形式和规模的变形破坏。由于斜坡变形破坏释放了应力，变形破坏后的斜坡趋于新的平衡而逐渐稳定；当应力调整打破了这种平衡，斜坡又会出现新的变形破坏。对具有蠕滑、鼓胀、扭裂等变形特征且边界不明显的斜坡，则称其为不稳定斜坡。

我国山地和丘陵面积广大，许多建筑场地设置在斜坡地段。崩塌、滑坡对城乡设施和各类建筑所造成的危害不乏其例。尤其在中西部地区的秦巴山区、川滇山区、黄土高原、东南丘陵区，斜坡变形破坏成为严重影响当地社会经济发展的地质灾害。在工程建设区，斜坡变形破坏是制约工程建设的重要因素。

斜坡变形破坏导致的滑坡对邻近工程建筑带来危害，甚至造成生命财产的重大损失。滑坡常常摧毁建筑、堵塞交通，造成人员伤亡和巨大的经济损失。据估算，我国每年因斜坡（边坡）失稳造成的损失为30亿~50亿元；日本每年因滑坡造成的损失高达40亿美元；美国、意大利、印度等国每年因滑坡造成的损失也均有10亿~20亿美元。中国是一个多山国家，山地面积占国土面积2/3以上，滑坡时刻威胁着人民生命财产安全。所以在斜坡地段为了合理有效利用土地资源和选择建筑场址，就必须评价和预测斜坡的稳定性，对可能产生危害的斜坡或潜在不稳定斜坡加以预防或治理。

斜坡（边坡）的失稳往往是多种因素共同作用的结果，通常将导致斜坡（边坡）失稳的这些因素可归结为两大类。一种是外界力的作用破坏了岩土体原来的应力平衡状态，如路堑或基坑开挖、路堤填筑或边坡顶面上作用的外荷载，以及岩土体内水的渗流力、地震力的作用等，改变原有应力平衡状态，使边坡坍塌；另一种是斜坡（边坡）岩土体的抗剪强度由于受外界各种因素的影响而降低，造成斜坡（边坡）失稳，如气候等自然条件使岩土时干时湿、收缩膨胀、冻结融化、风化等，水的渗入、软化效应、地震引起岩土性能劣化等均会造成斜坡（边坡）岩土体抗剪强度降低。

多年来，人们对斜坡变形过程、失稳形式、失稳机制、稳定性研究及滑坡预测预报等进行了广泛而深入的研究，借助力学、数学及计算机科学的理论与方法，围绕斜坡的演化过程及滑坡的预测预报进行全方位探索，并应用到人类工程活动的实践中去。经过国内外许多工程地质工作者的努力，已形成了斜坡工程分析、评价的一整套理论体系及工作方法,为人类工程建设活动奠定了理论及实践基础。

随着社会进步和经济发展,越来越多的人类工程活动涉及斜坡工程问题,如在水电、交通、采矿等诸多领域,斜坡(边坡)工程是整体工程不可分割的一部分,斜坡稳定性研究及滑坡预报研究一直是人们研究的重点、难点及热点领域之一。

二、斜坡形态和分类

斜坡(边坡)具有坡体、坡高、坡角、坡肩、坡面、坡脚、坡顶面和坡底面等各项要素。

斜坡(边坡)设计形态多种多样,斜坡的分类通常有以下几种。

(1)按照斜坡(边坡)的成因,可分为天然斜坡和人工边坡。自然界的天然斜坡是经受长期地表地质作用达到相对协调平衡的产物;人工边坡则是由于工程建设而开挖与填筑形成的边坡,又分为挖方边坡、填方边坡。

(2)按照构成斜坡(边坡)坡体的岩土性质,可分为土质边坡、岩质边坡、岩土混合边坡和类土质边坡。

土质边坡:该类边坡整体均由土体构成,按土体种类又可分为黏性土边坡、黄土边坡、膨胀土边坡、堆积土边坡、填土边坡。

岩质边坡:该类边坡整体均由岩体构成,按岩体强度又可分为硬岩边坡、软岩边坡、风化岩边坡等;按岩体结构分为整体性(巨块状)边坡、块状边坡、层状边坡、碎裂边坡、散体状边坡。

岩土混合边坡:该类边坡下部为岩层,上部为土层的二元结构边坡。

类土质边坡:由岩体风化而成的保留或部分继承了原岩的结构面等其他岩体特征,其稳定特性明显区别于均质土坡及岩质边坡的一类边坡。类土质边坡坡体具有特殊的稳定特性、破坏方式和加固要求。由于类土质边坡的变形面复杂,仅以少数圆弧面不足以确定它沿哪一条软弱面失稳,因此往往导致类土质边坡产生滑坡。

(3)按照斜坡(边坡)的稳定性程度,可分为稳定性斜坡、基本稳定斜坡、欠稳定斜坡和不稳定斜坡。该分类方法一般根据斜坡(边坡)的稳定性系数的大小进行划分。

(4) 按照斜坡的高度，土质边坡高度大于 15m 称为一般边坡；岩质边坡高度大于 30m 称为高边坡，小于 30m 称为一般边坡。

工程实践表明，容易发生变形和滑坡的斜坡多为高边坡。所以，高边坡是研究与防治的重点。

(5) 根据斜坡的断面形式，可分为直立式边坡、倾斜式边坡和台阶形边坡，以及这三种形式构成的复合形式的边坡。

(6) 按斜坡的工程类型，如道路工程、水利工程、矿业工程、建筑工程，可分为路堑边坡、路堤边坡，水坝边坡、渠道边坡、坝肩边坡、库岸边坡，露天矿边坡、弃土(渣)场边坡，建筑边坡、基坑边坡等。

(7) 根据斜坡使用年限，分为临时性边坡和永久性边坡。临时性边坡是指工作年限不超过两年的边坡；永久性边坡是指工作年限超过两年的边坡，永久性边坡的设计使用年限应不低于受其影响相邻建筑的使用年限。

三、斜坡变形及破坏

斜坡的变形与破坏，可以说是斜坡发展演化过程中两个不同的阶段。变形属量变阶段，而破坏则属质变阶段，它们是一个累进破坏的过程。天然斜坡变形破坏的过程往往时间较长。

(一) 斜坡变形

斜坡变形按其机制可分为拉裂、蠕滑和弯折倾倒三种形式。

1. 拉裂

在斜坡岩土体内拉应力集中部位或张力带内，形成的张裂隙变形形式称为拉裂。这种现象在由坚硬岩土体组成的高陡斜坡坡肩部位最常见，它往往与坡面近乎平行，尤其当岩体中陡倾构造节理裂隙较发育时，拉裂将沿之发生、发展。拉裂还有因岩体初始应力释放而发生的卸荷回弹所致，这种拉裂通常称为卸荷裂隙。

铁路、公路、水利、建筑等工程的施工开挖，破坏了原有的应力平衡，为达到新的应力平衡，斜坡应力必然要做应力调整，在新的应力调整过程中，会产生拉应力区，从而出现开裂。同时由于斜坡开挖，坡面约束已经消失，初始应力得到释放，这时产生卸荷回弹，与原应力条件相比，结构条件发生了较大的变化，岩体的变形量也较高。斜坡开挖卸荷过程中，由于侧应力的释放，其变形具有动态变形的特征。通过试验研究后认为，斜坡开挖的实质使斜坡岩体的质量指标不断减小、岩体的变形模量降低、岩体的强度丧失等，其显现的形式是斜坡周边产生拉裂缝、周边位移不断加大、斜坡失稳等。

拉裂的空间分布特点是：上宽下窄，至尖灭；由坡面向坡里逐渐减少。

拉裂使岩土体完整性遭到破坏，为风化营力深入坡体内部及地表水、降水下渗提供了良好的通道，加剧了斜坡的失稳破坏。

2. 蠕滑

斜坡岩土体沿局部滑移面向临空方向的缓慢剪切变形称蠕滑。蠕滑发生的部位在均质岩土体中一般受最大剪应力迹线控制。而当存在软弱结构面时，往往受缓倾坡外的软弱结构面所控制。当斜坡基座由很厚的软弱岩土体组成时，则坡体可能向临空方向塑流挤出，称为深层蠕滑。蠕滑往往不易被察觉，因为它不像拉裂变形那样暴露于地表，一般均产生于坡体内。因此要加强监测，并采取措施控制蠕滑，使之不向滑坡方向演化。

当坡体内各局部剪切面（蠕滑面）贯通，且与坡顶拉裂缝也贯通时，即演变为滑坡。

3. 弯折倾倒

由陡倾板状、片状或柱状岩体组成的斜坡，当走向与坡面平行时，在重力作用下所发生的向临空方向同步弯曲的现象，称为弯折倾倒。

弯折倾倒的特征是：弯折角为20°~50°；弯折倾倒程度由地面向深处逐渐减小，一般不会低于坡脚高程；下部岩层往往折断，张裂隙发育，但层序不乱，而岩层层面间位移明显；沿岩层面产生反坡向陡坎，这种斜坡变形现象在天然斜坡或人工边坡均可见到。弯折倾倒的机制，相当于悬臂梁在弯矩作用下所发生的弯曲。

弯折倾倒继续发展下去，可形成崩塌、滑坡。

(二) 斜坡破坏

斜坡在自然或人为因素作用下产生变形，达到一定程度就会产生破坏。破坏形式主要表现为坍塌、滑坡、崩塌、错落、倾倒，其中，崩塌和滑坡又是斜坡破坏常见形式。

1. 崩塌

斜坡岩土体被陡倾的拉裂面分割破坏，突然脱离母体而快速位移、翻滚、跳跃和坠落下来，堆于坡脚下，即为崩塌。崩塌一般发生在高陡斜坡的坡肩部位，崩塌体位移垂直方向较水平方向要大得多。崩塌发生时无依附面，往往是突然发生的，运动快速。

2. 滑坡

斜坡岩土体沿着贯通的剪切破坏面所发生的滑移现象，称为滑坡。滑坡的机制是某一滑移面上剪应力超过了该面的抗剪强度所致。滑坡通常是较深层的破坏，滑移面深入到坡体内部，滑体位移水平方向大于垂直方向，有滑移面存在，滑移速度往往较慢，且具有"整体性"。滑坡是斜坡破坏形式中分布最广、危害最为严重的一种。

四、影响斜坡地质灾害的因素

崩塌、滑坡、泥石流等斜坡地质灾害是地质、地理环境与人文社会环境综合作用的产物。影响斜坡地质灾害的因素相当复杂，总体上可分为地质因素及非地质因素两类，地质因素是指崩塌、滑坡、泥石流发生的物质基础，非地质因素则是指发生崩塌、滑坡、泥石流的外动力因素或触发条件。

重力是斜坡地质灾害的内在动力，地形地貌、地质构造和新构造活动、地层岩性、岩土体结构特性及水、地震、人类工程活动的影响等条件是影响斜坡失稳的主要自然因素，而大气降水及爆破、人工开挖和地下开采等人类工程活动对斜坡的变形破坏起着重要的诱发作用。

（一）地形地貌

滑坡、崩塌是山地丘陵斜坡变形破坏的一种灾害类型。斜坡地形的高差和坡度决定着由重力产生的下滑力的大小，从而也决定着滑坡、崩塌体的规模和运动速度。

中国地貌类型和地形切割程度自东向西具有一定的变化规律，崩塌、滑坡的分布及其变形体的规模也与此同步变化。长江流域上游地区地形切割深度一般达1000m，山坡陡峻，坡度为30°~60°，甚至近于直立。所以，山体稳定性差，崩滑灾害最为发育，个体规模也大。黄河上游的深切峡谷区，滑坡、崩塌的规模之大，在全国也属少见。

山地沟谷的发育为泥石流的形成提供了有利的空间场所与通道，沟谷坡降对泥石流的运动速度、径流、堆积起着制约作用。中国西南、西北地区中高山区和大江大河两侧沟谷纵坡降比较大，泥石流灾害严重。

(二) 地质构造和新构造活动

地质构造控制着中国山地的总体格局，新构造活动的强弱反映该地区地壳的稳定性。地貌与构造共同控制着滑坡、崩塌、泥石流的发育程度。大多数情况下，滑坡、崩塌、泥石流的形成与断裂构造之间存在着密切的关系，断裂的性质、破碎带宽度、节理裂隙的发育程度及其组合特征等都是影响崩塌、滑坡、泥石流的重要因素。

新构造活动（地震活动）是崩塌、滑坡、泥石流的重要触发因素。突然的振动可在瞬间增加岩土体的剪切应力而导致斜坡失稳；振动还可能引起松散沉积物中孔隙水压力的增加，导致砂土液化。地震常常诱发滑坡，如中国南北地震带中段的天水——武都——汶川地震带、南段川滇地震带均是滑坡、崩塌、泥石流密集分布区。

(三) 地层岩性和岩土体结构特性

地层岩性、岩土体结构及其组合形式是形成滑坡、崩塌、泥石流重要的内在条件之一。

一般来说，岩土体分为整体结构、块状结构、厚层状结构、中薄层状结构、镶嵌结构、层状碎裂结构、碎裂结构、散体结构、松软结构等。滑坡多发生在具有层状碎裂结构、碎裂结构和散体结构的岩体内，较完整的岩体虽然亦可产生滑坡，但多为受构造条件控制的块裂体边坡或受软弱层面控制的层状结构边坡。岩体结构对斜坡地质灾害的影响还在于结构面特别是软弱结构面对斜坡岩体稳定性的控制作用，它们构成滑坡体的滑动面及崩塌体的切割面，泥岩、页岩、片岩或断裂带中的糜棱岩、断层泥等构成的软弱面多为滑坡体的滑动面或崩塌体的分离结构面。

土体滑坡一般发生在松散堆积层，或特殊土体中存在透水或不透水层，或在滑坡作底部有相对隔水的基岩下垫层的情况下，它们构成了滑体的滑床。

(四) 水的影响

水对斜坡稳定性有显著影响。它的影响是多方面的，包括水的软化、崩解作用、水的冲刷作用、静水压力作用、动水压力作用，还有浮托力作用等。

1. 水的软化、崩解作用

水的软化作用是指水的活动使岩土体强度降低的作用。对岩质斜坡来说，当岩体或其中的软弱夹层亲水性较强，有易溶于水的矿物存在时，浸水后岩石和岩体结构遭到破坏，发生崩解泥化现象，使抗剪强度降低，影响斜坡的稳定。对于土质斜坡来说，遇水后软化现象更加明显，尤其是残积土斜坡、全风化岩及强风化岩斜坡和黄土斜坡。

花岗岩残积土及其风化岩是一类特殊性岩土。花岗岩类岩石在湿热条件下经长期物理、化学风化作用形成，并残留于原地，形成厚度不等的风化岩及残积土。花岗岩残积土以石英、长石、方解石等粗颗粒矿物和高岭土为主的黏性土矿物组成，未经搬运和分选，其成因决定了其有别于其他土层的特性。残积土吸湿性较好，在水浸泡后，由于吸水膨胀土体内产生不均匀应力及胶结物的溶解，因而崩解性较强，残积土的工程性能具有明显的软化效应。花岗岩残积土在遇水崩解过程中，其崩解速度大致存在三个发展阶段，即初始阶段的慢速崩解、中期阶段的快速崩解、后期阶段又趋慢速崩解。

由于残积土抗水性能差，遇水易产生软化、崩解现象，因此残积土工程性能将迅速变差。因而台风暴雨期间残积土的斜坡、基坑等开挖工程，易产生滑坡、崩塌等地质灾害。

2. 水的冲刷作用

河谷岸坡因水流冲刷而使斜坡变高、变陡，不利于斜坡的稳定。冲刷还可使坡脚和滑动面临空，易导致滑动。水流冲刷也常常是岸坡崩塌的原因。另外，大坝下游在高速水流冲刷下形成冲刷坑，其发展的结果会使冲坑斜坡不断崩落，以致危及大坝的安全。

3. 静水压力

作用于斜坡上的静水压力主要有三种不同的情况：一是当斜坡被水淹没时作用在坡面上的静水压力；二是岩质斜坡张裂隙充水时的静水压力；三是作用于滑体底部滑动面（或软弱结构面）上的静水压力。当斜坡被水淹没，而斜坡的表面相对不透水时，坡面上就承受一定的静水压力。由于该静水压力指向坡面且与其正交，因此对斜坡稳定有利。在水库蓄水的条件下，对库岸稳定性计算时应计入此静水压力。

这一静水压力对斜坡稳定是不利的，由于它的作用使斜坡受到一个向着临空面的侧向推力，易使斜坡发生失稳，甚至出现平推式滑坡。雨季时一些斜坡产生崩塌或滑坡，往往与裂隙静水压力的作用有关。

如果斜坡上部为相对不透水的岩土体，则当降水入渗、河水位上涨或水库蓄水时，地下水位上升，斜坡内不透水岩土底面将受到静水压力作用，这一浮托力削减该结构面上的有效应力，从而降低了抗滑力，不利于斜坡的稳定。地下水位越高，则对斜坡稳定越不利。当河水位或库水位迅速消落时，由于地下水的滞后效应，结构面上存在较大的静水压力，岸坡破坏就比较普遍。

4. 动水压力

如果斜坡岩土体是透水的，地下水在其中渗流时由于水力梯度作用，就会对斜坡产生动水压力，其方向与渗流方向一致，指向临空面，因而对斜坡稳定是不利的。在河谷地带当洪水过后河水位迅速下降时，岸坡内可产生较大的动水压力，往往使之失稳。同样，当水库水位急剧下降时，库岸也会由于很大的动水压力而致失稳。

另外，地下水运移产生的潜蚀作用也会削弱甚至破坏岩土体的结构联结，对斜坡稳定性也是有影响的。

5. 浮托力

处于水下的透水斜坡，将承受浮托力的作用，使坡体的有效重力减轻，对斜坡稳定不利。一些由松散堆积物组成库岸的水库，当蓄水时岸坡发生变形破坏，原因之一就是浮托力的作用。斜坡内地下水位的抬升，同样使岩土体悬浮减重，孔隙水压力增加，有效应力降低，使斜坡的抗滑阻力减小。

（五）地震的影响

地震对斜坡稳定性的影响较大。强烈地震时由于水平地震力的作用，常引起山崩、滑坡等斜坡破坏现象，国内外都有大量实例。例如，根据2008年5月12日汶川地震震后地质灾害排查和县（市）地质灾害危险性区划等调查统计，地震产生滑坡 3315 处、崩塌 2394 处、泥石流 619 处、不稳定斜坡 1656 处。

地震对斜坡稳定性的影响，是因为水平地震力使法向应力削减和下滑力增强，因此促使斜坡易于滑动。

另外，强烈地震的振动，使地震带附近岩土体结构松动，也给斜坡稳定带来潜在威胁。

一些大的或区域性的断层破碎带，尤其是近期强烈活动的断裂带，沿之崩塌、滑坡往往呈线性密集分布。我国川滇山区是南北向地震带的南段，由于地震强烈活动，岩体结构破坏严重。地貌上又处于第一台阶向第二台阶过渡的边缘山地，地面高差悬殊，谷坡陡峻。所以崩塌、滑坡丛生，常酿成灾害性事件。对 2008 年 5 月 12 日汶川地震灾区大量的次生地质灾害实地考察调查表明，沿着地震断裂带引发了大量的崩塌、滑坡、泥石流等次生地质灾害，地质灾害的发育分布与地震烈度相一致，与断裂带密切相关，将持续多年，并形成崩塌、滑坡→泥石流或崩塌、滑坡→堰塞湖→泥石流灾害链。

(六) 人类工程活动的影响

1. 坡脚开挖

不当的开挖往往使坡脚结构面或软弱夹层的覆盖层变薄或切穿，减小坡体滑动面的抗滑力，而斜坡的下滑力却没有相应地减小，造成稳定性降低。当结构面或软弱夹层的覆盖层被切穿时，结构面与斜坡面构成不利组合，斜坡产生结构面控制型失稳。

2. 坡顶加载

最常见的是在坡顶堆放弃(石)土，坡顶增加荷载，一方面增加了坡体的下滑力；另一方面加大坡顶张拉力和坡脚剪应力的集中程度，使斜坡岩土体稳定性被破坏，因而引起斜坡稳定性的降低。当坡顶堆放物为松散物时，情况更为严重。这是因为松散物将增加大气降水的入渗量，减少大气降水的地表径流，从而降低斜坡稳定性。

3. 地下开挖

其主要包括采矿和开挖铁路、公路隧道。地下开挖引起的地表移动和斜坡失稳常与下列情况有关。

(1)受地下开挖位置影响。地下开挖越接近斜坡面,地表移动和斜坡失稳越强烈,但其范围却显著减小;近地表的地下采掘往往引起小范围沉降和塌陷,斜坡的变形和破坏是局部的;当地下开挖埋深较大时,地表移动和失稳的范围比较大,失稳往往是整体的。

(2)受地下开挖规模影响。地下开挖规模越大,斜坡的应力场改变越大,在坡顶和坡脚引起的应力集中也越强烈,斜坡稳定性的降低也就越大。

(3)受斜坡地质条件影响。地下开挖对斜坡的影响程度受斜坡地质条件控制,地下采掘工程平行于斜坡走向,开挖活动往往切割斜坡的锁固段,降低了斜坡稳定性,甚至使其失稳。如果地下工程垂直于斜坡走向,地下开挖对斜坡的影响就小得多。

(4)具有先沉陷、后开裂、再滑动的活动规律。地下开挖首先引起地表移动,当地表移动到一定程度时,斜坡坡顶附近拉裂,出现拉裂缝,坡脚附近出现剪切带。当斜坡岩土体破坏较严重时,拉裂缝与剪切破坏带贯通或近于贯通,斜坡滑动面的抗滑力下降,斜坡的稳定性显著降低,甚至失稳。

4. 动荷载的影响

按照对岩土体强度弱化形式的不同,动荷载包括瞬态动荷载(如爆破、地震)和疲劳动荷载(如波浪荷载、车辆荷载)。瞬态动荷载是由于传递的能量过大致使岩土体受到影响,疲劳动荷载是反复不断的作用使得岩土体产生疲劳损伤,从而使岩土体内部结构发生破坏,重者土的抗剪强度因此而丧失,轻者土的抗剪性因此降低。

动荷载作用下斜坡岩体和节理的力学特性、动荷载作用下应力波在斜坡节理岩体中的传播规律、地震和爆炸动荷载作用下岩土体斜坡的安全,是动荷载作用下岩土体斜坡的响应及工程安全研究的主要内容。

爆破对带有不稳定结构体的斜坡的影响主要体现在爆破动荷载通过岩土体本身结构的不连续面等软弱带而起作用,或者引发本身就欠稳定的岩坡块体产生掉块、局部崩塌、滑坡等破坏;爆破和其他外界动因素共同作用造成斜坡失稳,特别是降雨、洪水、地下水的变化加速促成爆破的诱发破坏;同时爆破震动引起的惯性力导致斜坡整体下滑力加大,斜坡的稳定系数降低,也成为爆破荷载影响斜坡安全的主要原因。

而对于长期循环荷载作用下的岩土体斜坡,由于动荷载对斜坡岩土体的劣化及其疲劳累积损伤效应，将导致斜坡整体的安全性能降低。在铁路、公路等长期的交通荷载作用下，斜坡岩土体除受到静态力作用外还受到此类循环荷载的长期作用，岩土体对动荷载产生响应，易引发或加剧斜坡失稳。

五、我国斜坡地质灾害的发育规律

中国是世界上崩塌、滑坡、泥石流灾害最为严重的国家之一。据段永侯等研究，中国全国共发育有特大型崩塌51处、滑坡140处、泥石流149处；较大型崩塌2984处以上、滑坡2212处以上、泥石流2227处以上；中小型崩滑流虽无确切记载，但有迹可辨（遥感解译）的灾害点达41万处。据全国各省（自治区、直辖市）统计，崩塌、滑坡、泥石流总面积达173.52km^2，占国土总面积的18.10%。

无论是灾害点分布密度还是灾害发生频度，中国崩塌、滑坡、泥石流分布的总体规律是：中部强烈发育区，西部中等发育区，东部弱发育区。

（一）中部强烈发育区

中部地区崩塌、滑坡、泥石流的发育，从总体来看集中分布在0°~40°N、98°~112°E，包括横断山、川西山地、白龙江、金沙江中上游、滇东北、鄂西、黄土高原、黄河上游、秦巴山区等地段。

中部地区地质环境脆弱，地形地貌、地质构造、地层岩性复杂，新构造活动强烈，地震频繁，为崩塌、滑坡、泥石流的形成提供了内在条件；加之气候条件复杂，暴雨多，人类活动强烈，两类因素的叠加作用，使该区成为中国崩塌、滑坡、泥石流最发育的地区。但各处的发育程度不尽一致，类型也有区别，即不同地段各有特点。

中部的黄土高原地区，地形切割强烈，一般切割深度为100~300m，沟壑纵横，水土流失强烈，为滑坡、崩塌的形成提供了有利的地形条件，滑坡、崩塌十分发育。由于黄土疏松、多孔，地形切割强烈，沟谷十分发育，地表水系密度大、沟谷坡降大，沟谷纵比降可达20%~40%，为该地区泥石流发育提供了有利的条件。

复杂的气候条件是中部地区滑坡、崩塌、泥石流发育的主要外部因素。秦岭以南地区降水较丰沛，年均降水量为800~1200mm；秦岭以北地区，降水量偏少，为干旱半干旱地区，年均降水量为 400~600mm。从总体上看，整个中部地区降水主要集中分布在 7~8 月，降水量占全年降水量的 30%~50%。所以，暴雨是该地区滑坡、崩塌、泥石流形成和发育的重要诱发因素之一。

(二) 西部中等发育区

西部地区包括中国第一级地貌阶梯的青藏高原和部分第二级地貌阶梯的西部山地。青藏高原海拔在 4000m 以上，地形切割强烈。西部山地海拔大多为 2000~3500m，相对切割深度为 500~1000m，地形切割也很强烈，山体斜坡稳定性差。这些自然因素为崩塌、滑坡、泥石流的形成和发育提供了便利条件。

西部地区气候复杂多变，藏南受印度洋暖湿气流影响，降水主要集中在 7~8 月，暴雨强度大，年均降水量为 600~1000mm，丰沛的大气降水和冰雪融水为崩塌、滑坡、泥石流的发育提供了有利的外部条件。西部山地受高纬度亚洲内陆气流的影响，气候干燥少雨，年均降水量为 200~400mm，降水集中分布在夏季，因此，天山、阿尔泰山等地也发育较多的冰川泥石流，但滑坡、崩塌发生概率比较小。

(三) 东部弱发育区

中国东部地区地处第三级地貌阶梯地带，地貌由低山、丘陵、平原组合而成。海拔一般为 500~1000m，相对切割深度数十米至近百米。山地斜坡较缓，斜坡变形破坏较弱。

东部地区气候主要受太平洋暖湿气流的控制，南北气候差异较大。南部虽降水丰沛，但由于地形相对高差小，且地层岩性以坚硬的岩石为主，地质环境不利于斜坡变形破坏，崩塌、滑坡、泥石流不发育。华北和东北，如燕山地区和辽南、辽西山地，尽管山地切割程度中等，且年降水量不大，但降水比较集中，暴雨强度大加之地层岩性以古老的变质岩为主，岩石破碎，对山地斜坡变形破坏较为有利。所以，这些地区崩塌、滑坡、泥石流发育，但规模较小。另一方面，这些地区发育的崩塌、滑坡、泥石流常具有群发性特征，所以危害比较严重。

六、斜坡地质灾害的监测预报

斜坡地质灾害监测的主要目的是了解和掌握斜坡地质灾害的演变过程，及时捕捉崩塌、滑坡、泥石流的特征信息，为崩塌、滑坡、泥石流及其他类型斜坡地质灾害的分析评价、预测预报及治理工程提供可靠资料和科学依据。同时，监测结果也是分析评价防治工程效果的尺度。所以，监测既是斜坡地质灾害调查、研究与防治的重要组成部分，又是获取崩塌、滑坡等斜坡地质灾害预测预报信息的有效手段之一。

通过监测可掌握崩塌、滑坡、泥石流的变形特征及规律，预测预报崩滑体的边界条件、规模、滑动方向、失稳方式、发生时间及危害性，及时采取防灾措施，尽量避免和减轻灾害损失。例如，长江西陵峡新滩滑坡的成功预报减少直接经济损失达8700万元；湖北省秭归县马家坝滑坡的短临预报使924人幸免于难；甘肃省永靖县黄茨滑坡及瑞士阿尔卑斯山滑坡的监测预报成功等典型实例，均为探索研究斜坡地质灾害的监测预报和减灾防灾积累了宝贵经验。

(一)斜坡地质灾害的监测内容

斜坡地质灾害监测的内容主要涉及斜坡地质灾害的成灾条件、演变过程和地质灾害防治效果等。其监测的具体内容包括：第一，斜坡岩土表面及地下变形的二维或三维位移、倾斜变化的监测。第二，应力、应变、地声等特征参数的监测。第三，地震、降水量、气温、地表水和地下水动态和水质变化及水温、孔降水压力等环境因素和爆破、灌溉渗水等人类活动的监测。

(二)斜坡地质灾害的监测仪器

斜坡地质灾害的监测仪器类型较多，按仪器的适用范围可分为位移测量仪器、倾斜测量仪器、应力测量仪器和环境要素测量仪器四大类。

1. 位移测量仪器

用来监测斜坡岩土位移的仪器主要有：多点位移计、伸长计、收敛计、下沉仪、水平位错仪、增量式位移计及三向测缝计等。

2. 倾斜测量仪器

此类仪器主要有钻孔倾斜仪、盘式倾斜测量仪、T字形倾斜仪、杆式倾斜仪及倒垂线等。

3. 应力测量仪器

测量地应力变化的仪器主要有压应力计和锚杆测力计等。

4. 环境要素测量仪器

监测环境因素的仪器很多，主要有雨量计、地下水位自记仪、孔隙水压计、河水位量测仪、温度记录仪及地震仪等。

随着科学技术的发展，斜坡地质灾害的监测仪器也正在向精度高、性能佳、适应范围广、监测内容丰富、自动化程度高的方向发展。电子摄像、激光技术和计算机技术的发展及各种先进的高精度电子经纬仪、激光测距仪的相继问世，为斜坡地质灾害的监测提供了精密准确的现代化手段。

(三) 斜坡地质灾害的监测技术方法

在监测技术方法方面，已由过去的人工监测过渡到仪器监测，现在正向自动化、高精度的遥控监测方向发展。目前国内外常用的崩塌、滑坡监测方法主要有宏观地质观测法、简易观测法、设站观测法、仪器仪表观测法及自动遥测法等，用以监测崩滑体的三维位移、倾斜变化及有关物理参数和环境影响因素的改变。由于斜坡地质灾害的类型较多，特征各异，变形机理和所处的变形阶段不同，监测的技术方法也不尽相同。

1. 宏观地质观测法

宏观地质观测法就是利用常规地质调查方法对崩塌、滑坡等宏观变形迹象及其发展趋势进行调查、观测，以达到科学预报的目的。宏观地质观测法以地裂缝、地面鼓胀、沉降、坍塌、建筑物变形特征及地下水变异、动物异常等现象为主要观测对象。这种方法不仅适用于各种类型斜坡地质灾害的监测，而且监测内容丰富，获取的前兆信息直观且可信度高。结合仪器监测资料进行综合分析，可初步判定崩滑体所处的变形阶段及中短期变形趋势，作为临崩、临滑的宏观地质预报判据。此方法简易经济，便于掌握和普及推广，适合群测群防。宏观地质法可提供崩塌、滑坡短临预报的可靠信息。即使已采用了先进的观测仪器和自动遥测技术，该方法也是不可缺少的。

2. 简易观测法

简易观测法是在斜坡变形体及建筑物裂缝处设置骑缝式简易观测标志，使用长度量具直接测量裂缝变化与时间关系的一种简易观测方法。

其主要方法及监测内容有：

（1）在崩滑体裂缝处埋设骑缝式简易观测桩，监测裂缝两侧岩土体相对位移的变化；

（2）在建筑物裂缝上设简易玻璃条、水泥砂浆片或贴纸片；

（3）在岩石裂缝面上用红油漆画线做标记；

（4）在陡壁软弱夹层出露处设简易观测桩等，定期测量裂缝长度、宽度和深度变化及裂隙延伸的方向等。该方法监测内容比较单一，观测精度相对较低，劳动强度较大，但是操作简易，直观性强，观测数据可靠，适合于交通不便、经济困难的山区普及推广应用。即使在有精密仪器观测的条件下，进行一些简易观测也是必要的，以便将结果相互检验核对。

3. 设站观测法

设站观测法是在斜坡地质灾害调查与勘探的基础上，在可能造成严重灾害的危岩、滑坡变形区设立线状或网状分布的变形观测站点，同时在变形区影响范围以外的稳定地区设置固定观测站，利用经纬仪、水准仪、测距仪、摄影仪及全站型电子速测仪、全球定位系统（GPS）接收机等定期监测变形区内网点的三维位移变化。

4. 仪器仪表观测法

其主要有测缝法、测斜法、重锤法、沉降观测法、电感电阻位移法、电桥测量法、应力应变测量法、地声法、声波法等，该法主要用以监测危岩体滑坡的变形位移、应力应变、地声变化等。

用精密仪器仪表可对变形斜坡进行地表及深部的位移、倾斜、裂缝变化及地声、应力应变等物理参数与环境影响因素进行监测。按所采用的仪表可分为机械式传动仪表观测法（简称机测法）和电子仪表观测法（简称电测法）两类，其共性是监测的内容丰富、精度高、灵敏度高、测程可调、仪器便于携带。

5. 自动遥测法

自动遥控监测系统可进行远距离无线传输观测，它自动化程度高，可全天候连续观测，省时、省力、安全，是今后滑坡监测技术的发展方向。但自动遥测法也存在着某些缺陷，如传感器质量不过关、仪器的长期稳定性差、运行中故障率较高等，遇有恶劣的环境条件（如雨、风、地下水侵蚀、锈蚀、雷电干扰、瞬时高压），遥测数据时有中断。

对一个具体的危岩或滑坡，如何针对其特征，如地形地貌、变形机理及地质环境等，选择合适的监测技术、方法，确定理想的监测方案，正确地布置监测点，则是一个值得不断探索的课题。因此，在实际工作中应通过各种方案的比较，使监测工作做到既经济安全，又实用可靠，避免单方面地追求高精度、自动化、多参数而脱离工程实际的监测方案。在选择监测技术方法时，不仅应以监测方法的基本特点、功能及适用条件为依据，而且要充分考虑各种监测方法的有机结合、互相补充、校核，才能获得最佳的监测效果。

李厚芝对三峡库区地质灾害监测中几种常用方法做了比较，分析了各种方法的优缺点。目前三峡库区地质灾害监测中最常见的几种方法可大致上概括为常规地面测量方法、特殊测量手段、摄影测量方法及 GPS 测量技术等。

（1）常规地面测量方法。其主要是指用常规仪器（全站仪、水准仪）测量角度、边长和高程的变化来测定变形的方法，它们是目前变形观测的主要手段。

常规地面测量方法的优点：能够提供变形体整体的变形状态、观测量通过组成网的形式可以进行测量结果的校核和精度的评定、能适用于不同的精度要求及不同形式的变形体与不同的外界条件。

常规地面测量方法的缺点：外业工作量大，作业时间长，不易于实现连续监测和测量过程的自动化。

电子经纬仪的出现是地面测量技术的一项显著进步，它最重要的优点为使从野外测量到室内数据处理过程的自动化成为可能。而把由微处理机控制的跟踪设备加到全站仪后，就能对目标进行自动测量，这种系统称为测量机器人。

全站仪在三峡库区的高切坡监测中应用较为广泛，它的优点是自动化程度高，测量精度高。其缺点为测量受通视条件和气候因素影响较大，因而在滑坡变形监测中应用较少。

精密水准测量是观测垂直方向变形的主要手段,其作业过程在过去的几十年没有明显的变化。水准测量的一个缺点是作业过程劳动强度大,进度慢,特别是在山区,而它的另一个缺点是系统误差(特别是折光误差)累计严重。在目前三峡库区的地质灾害变形监测中,主要适用于小范围内的高切坡监测,该方法不适用地形条件较为复杂的高切坡变形监测和滑坡变形监测。

(2)特殊测量手段。其包括应力测量、应变测量、测斜仪测量和地下水位测量、裂缝监测等。与常规的地面测量方法相比,它们具有如下共同的特点:测量过程简单、容易实现自动化观测和连续监测、提供的是局部的变形信息。

目前三峡库区地质灾害监测中应力测量主要是利用传感器测量应变。应力测量又分为高切坡变形监测中的钢筋计、压力盒、锚索预应力计等和滑坡变形监测中的光纤推力监测等。其优点是能直观反映变形体内部应力变化,可自动化观测和连续监测,缺点是只能提供局部的变形情况,需预先安装仪器,设施损毁后基本无法修复。

应变测量根据工作原理可分为两类:第一类是通过测量两点间距离的变化来计算应变;第二类是直接利用传感器来测量应变。精密测量距离的变化有机械法和激光干涉法。机械法用因瓦丝、石英棒等作为长度测量的标准,精度一般为几十微米,激光干涉法的测量精度一般在 $10^{-7}\mu m$ 以上。应变传感器实质上是一个将导体埋设在变形体中,因为变形体中的应变使得导体伸长或缩短,从而改变导体的电阻,通过测量电阻值的变化就可以计算应变。应变测量目前在三峡库区变形监测中应用较少,一般应用于大坝监测或重点高切坡监测。

测斜仪是通过测量测斜管轴线与铅垂线之间夹角变化量,来监测土、岩石和建筑物的侧向位移的高精度仪器。测斜仪有常规型和固定型两种。常规型测斜仪习惯称为滑动型测斜仪。带有导向滑动轮的测斜仪在测斜管中逐段测出产生位移后管轴线与铅垂线的夹角,分段求出水平位移,累加得出总位移量及沿管轴线整个孔深位移变化情况。固定型是把测斜仪固定在测斜管某个位置上进行连续、自动、遥控测量仪器所在位置倾斜角的变化。它不能测量沿整个孔深的倾角变化,但可以安装在滑坡滑带或观测人员难以到达的高切坡上。

目前三峡库区地质灾害监测中,以滑坡监测中利用常规型测斜仪测量较多。该法测量的优点是能直观地反映出滑体深部的位移变形情况;缺点是当滑坡的变形达到一定的程度后,测斜钻孔会被破坏而造成无法采集测量数据。

水是产生滑坡的最主要外因之一,变形监测中,地下水位监测这一环节显得尤为重要。地下水位测量主要用在滑坡变形监测中,是利用自动化设备对地下水的水位和水温的动态变化进行连续、长期的自动监测。其优点是测量简单,可自动观测和连续监测;缺点是仅能对引起地质灾害的地下水这一因素进行测量,不能直观反映出变形体的动态变化情况。

裂缝监测是指直接对变形体的裂缝的宽度、长度加以测量。该方法在三峡库区地质灾害监测中应用较为广泛,优点是可应用在高切坡变形中,也可应用在滑坡变形监测中;缺点是反映的变形情况较为单一,需结合其他的监测方法才能在全局上判断出变形体的整体变形情况。

(3)摄影测量方法。摄影测量是对研究对象进行摄影,根据所获得的构像信息,从几何方面和物理方面加以分析研究,从而对所摄对象的本质提供各种资料。随着近十多年来摄影测量点位测量精度的提高,摄影测量在变形测量中也有着较为广泛的应用。在变形监测中,摄影测量具有如下优点:可以同时测定变形体上任意点的变形、提供完全和瞬时的三维空间信息、大量减少野外的测量工作、可以不需要接触被测物体、有了摄影底片可以观测到变形体以前的形态。摄影测量应用在变形监测中最显著的缺点就是精度较低,不易达到监测要求。

(4)GPS测量技术。目前在三峡库区应用最为广泛的就是GPS测量技术。该方法因其测站点之间无须通视、全天候观测、三维信息、测量范围大等特点,已成为现代测量的主要技术手段。

在变形监测方面,GPS测量技术可以提供点位基于全球坐标系统的变化,不受局部变形的影响。GPS测量技术用于变形监测中存在如下不足之处:①GPS接收机在高山峡谷、地下、建筑物密集地区和密林深处,由于卫星信号被遮挡及多路径效应的影响,其监测精度和可靠性不高,无法进行监测;②GPS测量技术用于动态变形监测时,由于动态测量的精度只能达到厘米级,对微变形量,GPS测量误差成为强噪声,从受强噪声干扰的序列观测数据中提取微弱的变形信息，是 GPS 测量技术动态监测应解决的一个关键技术问题；③与一般的全站仪、测斜仪等监测设备相比，GPS 测量技术成本较高，一般需要 3 台以上 GPS 接收机；④ GPS 测量技术误差源多，与传统大地测量手段相比，GPS 测量技术数据处理过程中任一环节处理不好都将影响最终的监测精度。

目前国际上在斜坡地质灾害监测方面的进步主要表现为两点，一是在对传统测量仪器上的改进方面，有的采用了新型传感器，提高了测量精度，有的进行智能化改造，增强了功能；二是引进了包括 GPS、卫星定位系统、全站仪等新技术和计算机数据实时采集与分析系统。

对重点地段的崩滑体的位移、地下水、声发射等相关参量的长期不懈的现场监测是对崩滑体进行研究与预测的基础，鉴于短时间内大量地表降水（如暴雨、排洪）、地下水位急剧下降等是诱发崩塌、滑体类地质灾害的重要原因之一，在暴雨这样的恶劣气候条件下要求监测人员始终坚守在现场第一线恐怕是很困难的。所以，开发研究在不接近崩滑体现场的条件下能够长期自动记录并传输，如位移、地下水、声发射等监测数据的技术也是十分重要的。开发具备自动采集和无线传输功能的监测监控系统，不仅自动化程度高，可长期连续观测，有利于及时捕捉崩塌、滑坡等地质灾害预警信号，而且其监测预报效果好，无疑是今后滑坡监测工作发展的方向。

在地质灾害模型预报和预警系统方面，英国剑桥大学、美国地质勘探局等大学和机构，已广泛运用 GPS、地理信息系统（GIS）和遥感（RS）技术进行地质灾害空间分析、制图、数据处理、模型预报和预警系统研究。近年来在我国一些地区，如长江上游、黄河中上游、云南、陕西等地也相继从多方面开展了滑坡、泥石流的预警研究，总结了一系列运用地球物理方法、3S 技术、数据库技术的成功经验和监测预报方法。但从整体上看，我国在这个领域与国际先进水平仍有较大差距，主要表现在技术手段上落后，理论创新较少，不能满足防灾减灾工作的需要。

七、斜坡工程地质勘查

斜坡工程地质勘查的任务就是要查清斜坡岩土体的岩土工程地质条件。对斜坡的勘查重视不够或勘查工作严重不足，会使工程设计依据不足，导致施工开挖后发生斜坡变形与滑坡，所以需要进行补充勘查，并追加大量投资进行治理，还延误工期。

一般情况下，斜坡包括自然斜坡和人工边坡两种。我国建设部制定的《滑坡崩塌地质灾害易发区城镇工程建设安全管理指南》中，把在工程活动中人为开挖或填筑形成的边坡、高切坡也列为斜坡的一种类型，都将其归属在斜坡之中。所以，下面以《建筑边坡工程技术规范》（GB50330—2002）相关规定为例，说明斜坡工程地质勘查的要点。

(1) 边坡勘察工作大纲；
(2) 边坡工程地质调查测绘；
(3) 边坡勘探；
(4) 边坡动态监测；
(5) 边坡的岩土试验；
(6) 边坡的稳定性分析；
(7) 边坡勘察报告的编制。

(一) 斜坡工程地质勘查的主要任务

斜坡工程勘查要查明下列主要内容。

(1) 斜坡场地地形地貌特征。
(2) 岩土体的类型、成因、性状、覆盖层厚度、基岩面的形态和坡度、岩石风化和完整程度；岩土体的物理力学性能。
(3) 岩体主要结构面（特别是软弱结构面）的类型和等级、产状、发育程度、延伸程度、闭合程度、风化程度、充填状况、充水状况、组合关系、力学属性和与临空面的关系；是否存在外倾不利结构面。
(4) 岩土体的物理力学性质和软弱结构面的抗剪强度。
(5) 气象、水文和水文地质条件。地区气象条件（特别是雨季、暴雨强度），汇水面积、坡面植被、地表水对坡面、坡脚的冲刷情况；地下水的类型、水位、水压、水量、补给和动态变化，岩土的透水性和地下水的出露情况。
(6) 不良地质现象的分布、规模及性质。
(7) 坡顶邻近建（构）筑物的荷载、结构、基础形式和埋深，地下设施的分布与埋深。

(二)斜坡工程地质调查及测绘

斜坡的工程地质调查测绘是斜坡勘查中最基本、最主要的工作。它将从宏观上、整体上掌握斜坡所在地段的地层岩性、坡体结构和构造格局；判断斜坡是否可能发生整体失稳还是局部变形，以及变形的类型、模式和规模大小；并提出勘探线、点的布设位置、数量和深度，以及是否需要进行动态监测等。

斜坡工程地质调查及测绘一般采用普遍适用的工程地质调查测绘方法，但针对斜坡工程的特点，又有其特殊的要求和做法。斜坡工程地质调查及测绘的特点如下。

(1) 调查范围顺斜坡走向应超出斜坡100~200m，以便于地质条件的对比。垂直边坡走向上(即横断面上)应达到稳定地层，向下应达到当地侵蚀基准面(河底或沟底)，以便预测可能发生的变形发展深度。

(2) 充分利用当地河岸、沟岸和山坡的基岩露头及人工开挖面(如堑坡、采石场、坑、洞等)，调查稳定地层的岩性和产状、构造分布及其与临空面、开挖面之间的关系。

(3) 调查由整体到局部，从宏观到微观，点、线、面相结合步步深入，先从整体上掌握整个坡体的结构、构造格局和稳定性，再分段、分层调查各个局部的不同特征，以及已有的和潜在的变形类型与范围，逐一做出评价。

(4) 工程地质对比法是调查评价的基础。

具体地说，斜坡工程地质调查及测绘一般调查以下内容。

1. 自然山坡形态特征与稳定状况的调查

自然山坡的坡形、坡率和坡高，如直线坡、凹形坡、凸形坡、台阶状坡，每一坡段的高度、坡度及横向展布宽度，它们的形成与不同岩性的地层分布、性质和风化程度有内在联系。硬岩层常形成陡坡和陡崖，甚至是峡谷，软岩则形成缓坡和宽谷；硬岩峡谷段多出现危岩、崩塌和落石，软岩宽谷段则多滑坡。

2. 地层岩性的调查测绘

地层岩性是构成斜坡的物质基础。岩土的成因和性质决定了其能保持的稳定坡率和高度。土层包括各种成因的黏性土、黄土，崩积、洪积、冲积、坡积、残积成因的土，各有其不同的颗粒组成和密实程度、含水率及强度特征，所以也有不同的稳定坡率。例如，膨胀土只能保持十几度的稳定坡，老黄土可保持近垂直的陡坡，新黄土陡于45°就可能变形，崩坡积块石土可形成30°～35°的岩堆和坡积裙；岩层的差别很大，坚硬岩石可形成数十米、上百米的陡坡，而软岩坡高数十米、上百米就会发生变形。

岩层层面和不同成因、不同时代岩层的接触面（如坡积与洪积接触面、风化界面、整合与不整合面）是坡体结构上的软弱面，它们的产状常常控制斜坡（边坡）的稳定。当这些面倾向开挖面并有地下水作用时，常会发生变形；有多层软弱面就可能形成多层、多级滑坡，如岩石顺层滑坡和多层堆积层滑坡。岩石的风化程度不同，具有不同的强度，所能保持的坡高和坡度也不同。

3. 构造结构面的调查测绘

对岩质坡体的稳定性起控制作用的除层面外，主要是构造结构面，如节理、裂隙、断层等，所以这项调查测绘是非常重要的。宽度数十米至数百米的区域性断裂带造成岩体碎裂，形成陡坡中的缓坡段，若铁路、公路等线状建筑物平行穿过该带时，常发生线状分布的一连串斜坡变形。例如，宝鸡天水铁路沿渭河断裂带、成昆铁路沿石棉—普雄断裂带，滑坡、坍塌、崩塌、落石现象频发，且规模巨大，治理困难。在岩体相对完整的坡段则应重视小构造的作用，小的断层、错动、节理，虽然规模小，但当它们密集分布，倾向开挖面和临空面，或有不利的组合，或下伏于坡脚时，常常造成边坡失稳。特别是那些贯通性、延伸性、隔水性好的构造面更不利于边坡的稳定。

崩塌受构造面控制，即使是块状坚硬岩体，如花岗岩体中的滑坡也受构造面的控制，曾在310国道宝鸡——天水遇到过花岗片麻岩沿弧形大节理面的滑坡。在秦岭山区花岗岩高边坡，设计坡率为1：0.35，坡高不足40m，开挖半年后因坡脚一小断层（宽2.85m）先引起坍塌，后沿倾向临空的倾角37°的节理面滑坡，裂缝长超过100m，变形影响高达90m。所以，岩质斜坡（边坡）的调查及测绘更要注意小构造的调查测绘与相互切割的对应分析，包括结构面的产状、性质、密度、延伸长度、结构面间的充填物和含水率，以及与开挖面的关系等。

4. 地下水的调查

水是斜坡失稳变形的重要因素。除调查斜坡汇水条件外，更应重视地下水出露情况的调查，包括地下水露头（泉水、湿地）位置、形态（线状、点状、是否承压）、流量、水温、水质等，并分析地下水对斜坡稳定性的影响。地下水呈线状出露处，其下的隔水层常是岩性软弱、遇水软化、容易发生变形的部位。

5. 坡体结构的调查

坡体结构是坡体内岩土体及结构的分布和排列顺序、位置、产状及其与临空面（边坡开挖面）之间的关系，它是斜坡稳定或失稳变形的地质基础。在上述地质调查的基础上，应分析斜坡所在坡体结构类型，从而可初步预测斜坡开挖后可能出现的变形类型和发生的部位。

(1) 均质、类均质体结构：如黏性土、黄土、堆积土（崩积、坡积、洪积和冰积）和残积土层结构，无明显软弱夹层，其可能的变形类型为坍塌及沿弧形滑面的滑坡，属于土质边坡稳定问题。

(2) 近水平层状结构：指土层、半成岩地层和岩层产状近水平（倾角小于10°），一般较稳定，但当存在软弱夹层、层间存在承压地下水作用时，上覆层易沿下伏基岩面产生顺层滑动；当上覆厚层硬岩层、下伏软岩时，既会发生硬岩的崩塌，又会形成错落性（软岩挤出型）滑坡；另外还有切层滑坡。

(3) 顺倾层状结构：上层或岩层层面倾向临空面（开挖面），倾角为10°~25°，最易形成顺层面和接触面的顺层滑坡。当有软弱岩层或夹层时，倾角为最易滑动；当有多个软夹层时，会形成多层滑坡，并具牵引扩大特点。当无软夹层时，倾角大于30°也不一定滑动，它取决于层面倾角与层间综合内摩擦角的对比，前者大于后者时才会滑动。这类斜边（边坡）失稳变形最多，应特别重视。

(4) 反倾层状结构：岩层面倾向山体内，一般稳定性较好，失稳者少，但有受节理面控制的崩塌。当岩体受构造破碎或下伏软岩时会形成切层滑坡。软质岩层倾角较陡（倾角大于70°）时，易发生倾倒变形。

(5) 斜交层状结构：指层面倾向山体外或倾向临空面，但其走向与斜坡（边坡）走向斜交，夹角小于35°，常受层面和节理面两者控制发生滑坡和崩塌。当夹角大于35°时，很少发生滑坡变形。

(6) 碎裂状结构：指大断层破碎带或多条断层交汇处，或风化岩，岩体十分破碎，又存在倾向临空面的次级小断层，此种情况，既可能发生坍塌变形，又可能发生沿小构造面的滑坡变形，也可能发生类似于均质体的圆弧形滑动，如发生于砂土状强风化岩、碎块状强风化岩中的滑动就是类似于圆弧形滑动。

（7）块状结构：指厚层块状岩体，岩块强度高，如花岗岩、玄武岩等，一般斜坡稳定受风化程度和构造面控制，当有倾向临空面的构造面及其组合，且有地下水作用时，易发生崩塌和滑坡。

6. 已有斜坡变形的调查及测绘

若斜坡地段已经有一古老的或正在活动的斜坡变形现象，如拉裂、崩塌、滑坡等，应详细调查其类型、规模、分布位置和主要地层等，分析其产生的条件和原因，并对其稳定性做出评价和预测，与拟建边坡进行对比分析。

（三）斜坡工程地质勘探

在地面工程地质调查测绘的基础上，需通过勘探手段进一步对斜坡岩土层的类型、分布、风化界线、结构构造、软弱面和潜在滑动面的形状与埋深，以及地下水的储存条件等予以查明。斜坡（边坡）工程地质勘探宜采用钻探、坑（井）探和槽探等方法，必要时可辅以硐探和物探方法。

1. 勘探点、线的布置

勘探点、线的多少应根据斜坡地质条件和勘查阶段的不同而有区别。勘探线应垂直斜坡（边坡）走向布置，勘探线上勘探点的密度和详细勘查的线、点间距可按地区经验确定，且对每一单独斜坡（边坡）段勘探线不宜少于2条，每条勘探线上不应少于2个勘探点。当遇有软弱夹层或不利结构面时，应适当加密。对初步勘查的勘探线、点间距可适当放宽。

建筑边坡的勘探范围应包括不小于岩质边坡高度或不小于1.5倍土质边坡高度，以及可能对建（构）筑物有潜在安全影响的区域。

2. 勘探深度

勘探深度取决于地面调查后推测的需要查明的地质界限的深度及可能发生变形的深度，勘探孔深度应穿过最深潜在滑动面并深入稳定层不小于5m。另外，控制性勘探孔深度应达到当地最低基准面（河沟底或路基面）以下一定深度，以及预计支护结构基底下不小于3m。这样做一方面是防止遗漏最深的滑动面，另一方面是基于设计加固工程查清基础情况的需要。

3.勘探方法的选择

（1）钻探是斜坡（边坡）工程地质勘探的最主要手段。为了查明控制边坡稳定的软弱地层、构造结构面的位置和地下水情况，要求有较高的岩芯采取率，一般不小于85%，以免漏掉软弱夹层，一般可采用无泵反循环钻进方法。

（2）物探是钻探的重要补充。它可以查明整个斜坡（边坡）体内的地层分布，埋藏断层和构造破碎带的位置、风化界限的分布。其造价低、速度快，可减少钻孔数量。

物探线一般沿地形等高线布设以减少地形影响。其探测深度应大于钻探深度。物探多采用面波法和地震法，能较准确划分地层界限。

（3）对特别重要、高大而复杂的斜体，如水利工程边坡（斜坡），重点部位可布置井探和硐探，它可以更清楚地揭露地层、构造和地下水情况，并可进行试验取样或进行原位试验。

（4）地表覆盖层较厚、基岩露头少的地区，地面调查有困难，可在覆盖层较薄处布置坑探、槽探以查明地下地质条件。

八、斜坡加固工程技术

（一）斜坡加固的基本原则

斜坡变形破坏的防治应贯彻"以防为主，及时治理"的原则。为此先要进行岩土工程勘察，查清斜坡工程地质条件和影响斜坡稳定性的各项因素，并查明斜坡变形破坏模式和规模、目前稳定状态及发展趋势。在此基础上，针对工程重要性，因地制宜地采取各种防治措施。

斜坡加固设计应使斜坡具有安全性、适用性和耐久性，也就是斜坡及其支护结构在规定的时间内和规定的条件下，保持自身整体稳定的能力。其中安全性要求边坡及其支护结构在正常施工和正常使用时能承受可能出现的各种荷载作用，以及在偶然时间发生作用时及发生后应能保持必需的整体稳定性；适用性要求边坡及其支护结构在正常使用时能满足预定的使用要求,如作为建筑物环境的斜坡能保证主体建筑物的正常使用;耐久性要求斜坡及其支护结构在正常维护下,随着时间的变化,仍能保持自身整体稳定,同时不会因斜坡的变形而影响主体建筑物的正常使用。

因为斜坡岩土体介质的复杂性、可变性和不确定性,岩土工程地质参数难以准确确定,加之设计理论和设计方法带有经验性和类比性,所以斜坡工程的设计往往难以一次定型,需要根据施工中反馈的信息和监控资料不断校核、补充和完善设计,这是目前斜坡工程处治设计中较为科学的动态设计方法。此设计法要求提出特殊的施工方案和监控方案,以保证在施工过程中能获取对原设计进行校核、补充和完善的有效资料与数据。

对高边坡工程设计中应有"固脚强腰"的设计思路。所谓"固脚"就是在斜坡治理工程设计中对高边坡的坡脚进行加固处理。第一,坡脚是斜坡的应力集中区,由于斜坡开挖、放陡坡率等原因,坡脚的高应力区往往不可避免,开挖后地下水也向坡脚集中排泄,软化坡脚岩土体,而该区的风化作用相对而言比较强;第二,对于软硬岩互层地段,特别是顺层地段,且出现上硬下软时,由于软硬岩在强度、应力、应变、抗风化等各方面存在着差异,考虑岩土体内力传递与释放的时间效应,当斜坡较高,坡体出现沿其内部软弱面压剪破坏的趋势较大,往往坡脚处易出现由于压力与剪切集中导致的破坏,从而危及整个坡体的稳定,为此对该类型斜坡考虑"固脚"非常关键;第三,对顺层地段,控制边坡变形失稳的软弱面因为风化或构造等的作用常出现多层现象,斜坡开挖临空卸荷等使得坡体内的隐裂面等进一步张开,在长期内、外应力作用下控制坡体变形的结构面有随时间逐渐向深部发展的趋势;第四,设计与施工等的人为影响因素也应考虑,由于施工的方法、顺序及设计对最不利工况的把握等都可能对坡脚产生不利的影响。所以,边坡治理工程对坡脚的处理应多加注意。

所谓"强腰"原则,是指当斜坡高度较高时,坡体中存在多层、多级剪出的可能性增大。特别是当组成坡体的岩土体岩性存在较大差异时,其岩土体的物理力学性质也会存在较大差异,且这种差异随时间的变化不同步。反映在坡体变形上,即可能出现多级失稳破坏现象。因此斜坡工程设计工作中不仅要考虑边坡沿已存在的软弱面的失稳,同时应考虑软岩在可控设计期限内,其强度衰减弱化带来的岩性自身的抗压、抗剪强度不足,导致边坡的多级破坏。因此斜坡治理工程设计工作应根据边坡实际情况，适当考虑在坡体中部的强化加固，对高边坡的坡体应力调整、变形约束等效果明显。

(二) 斜坡变形破坏的防治措施

常用的防治斜坡变形破坏的措施主要有支挡工程、削方减载（坡率法）、排水、坡面防护工程等。下面以支挡工程为例进行介绍。

支挡工程是防治斜坡变形破坏最主要的一类工程措施。它可以改善斜坡的力学平衡条件，以达到抵抗其变形破坏的目的。常用的加固（支挡）工程结构包括挡土墙、锚固、预应力锚索（锚杆）、抗滑桩等支撑和锚固结构。

1. 挡土墙

挡土墙是目前广泛采用的一种边坡支挡工程。它位于边坡的前缘，借助于自身的重力以支挡坡体土压力，且与排水措施联合使用。挡墙的优点是结构比较简单，可以就地取材，施工方法简单，而且能够较快地起到稳定边坡的作用。但一定要把挡墙的基础设置于最低滑动面之下的稳定地层中，墙体中应预留泄水孔，并与墙后的盲沟连接起来。

挡土墙设计一般采用库仑土压力理论，当墙体向外变形，墙后土体达到主动土压力状态时，假定土中主动土压滑动面为平面，并按滑动土层的极限平衡条件来求算主动土压力。在侧向土压力作用下，重力式挡土墙的稳定性主要靠墙身的自重来维持。

长期以来，重力式挡土墙在支挡工程中一直占有主导地位，但由于其截面大，坛工数量多，施工进度慢，在地形恶劣、石料缺乏地区应用不便，其缺点也是明显的。加固（支挡）工程结构是由于不同的岩土工程需要而不断发展的，岩土工程技术人员为了在某些特殊地形或特殊地质条件下保证斜坡的稳定，往往要设计一些新的结构形式，逐步发展为采用支撑、土筋复合结构及锚固技术等多种新型、轻型支挡新技术。例如，悬臂式、扶壁式、锚杆式、加筋土式、锚定板式等新型的挡土墙。这些新型加固（支挡）工程结构具有结构轻、施工快捷、便于预制和机械化施工、节省材料和劳动力、造价低等优点，很快在各类岩土工程中得到广泛应用。

2. 锚固

在斜坡工程中，当潜在的滑体沿剪切滑动面的下滑力超过抗滑力时，将会出现沿剪切面的滑移和破坏。在坚硬的岩体中,剪切面多发生在断层、节理、裂隙等软弱结构面上。在土层中,砂性土的滑面多为平面,黏性土的滑面一般为圆弧状;有时也会出现沿上覆土层和下卧基岩间的界面滑动。为了保持斜坡的稳定,一种办法是采用大量削坡直至达到稳定的边坡角;另一种办法是设置支挡结构。在许多情况下单纯采用削坡或挡土墙往往是不经济的或难以实现的,这时可采用锚杆(索)加固斜坡。

锚固技术作为一种优越的岩土体加固技术手段,越来越广泛地应用于各种工程领域,且适用范围和使用规模仍在不断扩大。岩土锚固技术是把一种受拉杆件埋入地层,一端固定于地基或边坡的岩层或土层中,利用地层自身锚固力,以提高岩土体自身的强度和自稳能力的一门工程技术。因为这种技术能大大减轻结构物的自重、节约工程材料并确保工程的安全和稳定,具有显著的经济效益和社会效益,所以在工程中得到极其广泛的应用。

岩土锚固技术的基本原理就是利用锚杆(索)周围岩土的抗剪强度来传递结构物的拉力以保持地层开挖面的自身稳定,由于锚杆(索)的使用,它可以提供作用于结构物上以承受外荷的抗力;可以使锚固地层产生压应力区并对加固地层起到加筋作用;可以增强地层的强度,改善地层的力学性能;可以使结构与地层连锁在一起,形成一种共同工作的复合体,使其能有效地承受拉力和剪力。在岩土锚固中通常将锚杆和锚索统称为锚杆。

锚杆是一种将拉力传至稳定岩层或土层的结构体系,主要由锚头锚固段、自由段、锚杆配件组成。

(1) 锚头:锚杆外端用于锚固或锁定锚杆拉力的部件,由垫墩、垫板、锚具、保护帽和外端锚筋组成。

(2) 锚固段:锚杆远端将拉力传递给稳定地层的部分,锚固深度和长度应按照实际情况计算获取,要求能够承受最大设计拉力。

(3) 自由段:将锚头拉力传至锚固段的中间区段,由锚拉筋、防腐构造和注浆体组成。

(4) 锚杆配件:为了保证锚杆受力合理、施工方便而设置的部件,如定位支架、导向帽、架线环、束线环、注浆塞等。

锚杆的分类方法较多,通常可以按应用对象、是否预先施加应力、锚固机理,以及按锚固形态进行分类。

（1）按应用对象可分为岩石锚杆（索）和土层锚杆（索）。岩石锚杆是指锚固段锚固于各类岩层中的锚杆，而自由段可以位于岩层或土层中；土层锚杆是指锚固于各类土层中的锚杆，其构造、设计、施工与岩石锚杆有共同点也有其特殊性。

（2）按是否预先施加应力分为预应力锚杆（索）和非预应力锚杆（索）。非预应力锚杆是指锚杆锚固后不施加外力，锚杆处于被动受载状态；非预应力锚杆通常采用Ⅱ、Ⅲ级螺纹钢筋，锚头较简单，如板肋式锚杆挡墙、锚板护坡等结构中通常采用非预应力锚杆，锚头最简单的做法就是将锚筋做成直角弯钩并浇筑于面板或肋梁中。预应力锚杆是指锚杆锚固后施加一定的外力，使锚杆处于主动受载状态。预应力锚杆的设计与施工比非预应力锚杆复杂，其锚筋一般采用精轧螺纹钢筋或钢绞线。

3. 预应力锚索由锚固段、自由段及锚头组成

通过对锚索施加预应力以加固岩土体使其达到稳定状态或改善结构内部的受力状态。预应力锚索采用高强度、低松弛钢绞线制作，可用于土质、岩质地层的边坡及地基加固，其锚固段应置于稳定地层中。锚索也常与抗滑桩结合组成锚索桩，以减小抗滑桩的锚固段长度及桩身截面。预应力锚索与不同类型的反力结构结合组成不同的预应力锚索结构，如预应力锚索与钢筋混凝土框架结合组成锚索框架，与钢筋混凝土梁结合组成锚索地梁，与钢筋混凝土墩结合组成锚索墩等。

采用锚杆（索）加固斜坡，能够提供足够的抗滑力，并能提高潜在滑移面上的抗剪强度，有效地阻止坡体位移，这是一般支挡结构所不具备的力学作用。

在岩土体中，由于岩土体产状及软硬程度存在差异，岩质斜坡可能出现不同的失稳和破坏模式，如滑移、倾倒、转动破坏等。锚杆的安设部位、倾角为抵抗斜坡失稳与破坏最有利的方向，一般锚杆轴线应当与岩体主结构面或潜在的滑移面呈大角度相交。

锚固是处置岩质边坡的有效措施。岩体强度受结构面控制，结构面的抗滑力与作用于结构面的正应力大小密切相关。发挥边坡岩体自身强度的有效方法是通过预应力锚杆（索）来增加结构面的正应力，从而使可能失稳的岩体保持稳定。

进行锚固设计时，要做锚固力和单根锚杆(索)抗拔力的验算。在同时满足抵抗变形体对锚杆(索)系统产生总剪切力和总拉力的前提条件下，布置锚杆(索)。锚杆的布置主要决定于斜坡的破坏模式，从整个斜坡上的均匀布置到坡脚高应力区里的集中布置。通常以均匀布置较好，锚杆间距一般不小于1.5~2.0m。间距过小会发生相互间的干扰，出现所谓"群锚效应"问题。如果工程需要设置更近些，可采用不同倾斜角或不同锚固长度的方法布设。

4. 抗滑桩

斜坡加固工程中的抗滑桩是通过桩身将上部承受的岩土推力传给桩下部的稳定岩土体，依靠桩下部的侧向阻力来承担斜坡岩土体的下推力，而使斜坡保持平衡或稳定。抗滑桩与一般桩基类似，但主要是承担水平荷载。

(1)抗滑桩的平面布置。抗滑桩的平面布置指的是桩的平面位置和桩间距。一般根据斜坡的地层性质、推力大小、滑动面坡度、滑动面深度、施工条件、桩型和桩截面大小，以及可能的锚固深度和锚固段的地质条件等因素综合考虑决定。

对一般斜坡工程，根据主体工程的布置和使用要求而确定布桩位置。对滑坡治理工程，抗滑桩原则布置在滑体的下部，即在滑动面平缓、滑体厚度较小、锚固段地质条件较好的地方，同时也要考虑到施工的方便。对地质条件简单的中小型滑坡，一般在滑体前缘布设一排抗滑桩，桩排方向应与滑体垂直或接近垂直。对于轴向很长的多级滑动或推力很大的滑坡，可考虑将抗滑桩布置成两排或多排，进行分级处治，分级承担滑坡推力；也可考虑在抗滑地带集中布置2~3排、平面上呈品字形或梅花形的抗滑桩或抗滑排架。对滑坡推力特别大的滑坡，可以考虑采用抗滑排架或群桩承台。对于轴向很长的具有复合滑动面的滑体，应根据滑面情况和坡面情况分段设立抗滑桩，或采用抗滑桩与其他抗滑结构组合布置方案。

(2)抗滑桩的间距。抗滑桩的间距受滑坡推力大小、桩型及断面尺寸、桩的长度和锚固深度、锚固段地层强度、滑坡体的密实度和强度、施工条件等诸多因素的影响，目前尚无较成熟的计算方法。合适的桩间距应该使桩间滑体具有足够的稳定性，在下滑力作用下不致从桩间挤出。可以按在能形成土拱的条件下，两桩间土体与两侧被桩所阻止滑动的土体的摩擦阻力不少于桩所承受的滑坡推力来估计，一般采用的间距（中心距）为 3~6m。当桩间采用了结构连接来阻止桩间楔形土体的挤出，则桩间距完全决定于抗滑桩的抗滑力和桩间滑体的下滑力。

当抗滑桩集中布置成 2~3 排排桩或排架时，排间距（中心距）可采用桩截面宽度的 2~5 倍。

（3）桩的锚固深度。桩埋入滑面以下稳定地层内的适宜锚固深度，与该地层的强度、桩所承受的滑坡推力、桩的相对刚度，以及桩前滑面以上滑体对桩的反力等因素有关。原则上由桩的锚固段传递到滑面以下地层的侧向压应力不得大于该地层的容许侧向抗压强度，桩基底的压应力不得大于地基的容许承载力来确定。

锚固深度是抗滑桩发挥抵抗滑体推力的赖以生存的前提和条件。锚固深度不足，抗滑桩不足以抵抗滑体推力，容易引起桩的失效；但锚固过深则又造成工程浪费，并增加了施工难度。可采取缩小桩的间距，减少每根桩所承受的滑坡推力，或增加桩的相对刚度等措施来适当减少锚固深度。根据相关经验，对于土层或软质岩层，锚固深度取 1/3~1/2 桩长比较合适，对于完整、较坚硬的岩层可取 1/4 桩长。

（三）坡率法

坡率法也指削方减载，是指控制边坡高度和坡度，使斜坡对所有可能的潜在滑动面的下滑力和阻滑力处于安全的平衡状态，无须对斜坡整体进行加固而自身稳定的一种人工边坡设计方法，工程中又称为削坡（或刷坡）。坡率法是一种比较经济、施工方便的方法，一般的简单岩土边坡（非滑坡），如果不受场地限制，都可以满足斜坡稳定的要求。当工程场地有放坡条件，且无不良地质作用时宜优先采用坡率法。

坡率法适用于整体稳定条件下的岩层和土层，在地下水位低且放坡开挖时不会对相邻建筑物产生不利影响的条件下使用，有条件时可结合坡顶刷坡卸载和坡脚回填压脚的方法。

坡率法可与支挡结构联合应用，形成斜坡的组合支护。例如，当不具备整个边坡放坡时，上段可采用坡率法，下段可采用土钉墙、喷锚、挡土墙等支护结构以稳定斜坡。

在坡高范围内，不同的岩土层，可采用不同的坡率放坡。边坡设计要注意边坡环境的防护整治，斜坡（边坡）截排水系统应根据地形地貌条件因势利导保持畅通。考虑到斜坡的永久性，坡面应采取防护措施，防止水土流失、岩层风化及环境恶化造成斜坡稳定性降低。

在进行坡率法设计之前必须查明斜坡的工程地质条件，包括斜坡岩土性质、各种软弱结构面的产状、地质构造、岩土风化程度、地下水、地表水、当地地质条件相似的自然山坡或人工边坡坡度。

坡率法设计斜坡主要是在保证斜坡稳定的条件下确定斜坡的形状和坡度。其设计内容包括确定斜坡的形状、确定斜坡的坡度、设计坡面防护和削坡后边坡稳定性验算。

斜坡坡度的确定可以根据工程地质和水文地质条件、边坡的高度、施工方法等因素，对照当地自然极限斜坡或人工边坡的坡度确定；对于土质均匀的边坡，可采用稳定性验算法进行确定。当挖方边坡较高时，可根据不同的土、岩石性质和稳定要求开挖成折线式或台阶式边坡，台阶式边坡中部应设置边坡平台，边坡平台的宽度不宜小于2m。

斜坡的防护主要是针对容易风化剥落或破碎程度较为严重的坡面，应当考虑坡面的防护措施，以防止各种自然应力对斜坡的破坏作用，保证斜坡的稳定性。设计中应注意斜坡的防护与斜坡环境美化相结合。

采用坡率法的斜坡，原则上都应进行稳定性验算，但对于工程地质及水文地质条件简单的土质斜坡和整体无外倾结构面的岩质斜坡，在有成熟地区经验时，可参照地区经验确定。对于有外倾软弱结构面的岩质斜坡、坡顶边缘附近有较大荷载的斜坡、土质较软的斜坡、斜坡高度超过一定范围的斜坡，斜坡坡率应通过稳定性分析计算确定。

对于土质斜坡，在确定坡率时应根据斜坡的高度、土的湿度、密实程度、地下水的情况、土的成因类型及生成时代等因素，并参考同类土的稳定坡率进行确定。

对于岩质斜坡，在坡体整体稳定的条件下，要选择合理的允许坡率，应根据岩性、地质构造、岩石风化破碎程度、斜坡高度、地下水及地面水等因素，结合实际经验按照工程类比的原则，并参考该地区已有的稳定斜坡的坡率综合分析确定。

(四) 地表与地下排水

水是斜坡失稳的主要诱发因素之一。排水工程分为地表排水和地下排水两大类型。对于地表水采用多种形式的截水沟、排水沟、急流槽来拦截和引排；对地下水则用平孔排水、截水渗沟、盲沟、纵向或横向渗沟、支撑渗水沟、汇水隧洞、渗井、砂井等排水措施来疏干和引排。通过这些排水措施，使水不再进入或停留在坡体范围内，并排除和疏干其中已有的水，以增强斜坡的稳定性。

1. 排除地表水

排除地表水是斜坡处置不可缺少的措施，而且是首先应当采取的措施。大气降水渗入地层，水浸湿土壤，使土壤重度增大，而强度降低；如果汇聚成为径流，可以引起地面的冲刷；渗入地下，又成为地下水的补给来源。通过排除地表水，可以拦截、引离斜坡范围外的地表水，使其不致进入坡体；将降落或出露在斜坡范围内的雨水及泉水尽速排除，使其不致渗入坡体。

选择地表水排水工程，应根据地形地貌和地形条件，利用自然沟谷，在斜坡体内外修筑环形截水沟、排水沟和树枝状、网状排水系统，以迅速引排坡面雨水。在斜坡体范围内，斜坡平台设排水沟、坡面设树枝状排水沟、急流槽等。为有效排除地表水，排水沟渠应用片石或混凝土砌筑。

2. 排除地下水

疏干斜坡体内及截断和引出边坡附近的地下水，常常是整治斜坡的根本措施。排除地下水可降低斜坡岩土体的含水率或孔隙水压力，斜坡土体干燥，从而提高其强度指标，降低土层的重度，并可降低甚至消除地下水的水压力，以提高坡体的稳定性。

根据地下水的补给、径流、排泄条件及含水层性质，可使用不同的排水措施。一般浅层地下水可以使用截水渗沟、盲沟；深层地下水则可以使用盲洞、长水平钻孔等。其中，水平钻孔可以上倾 $5° \sim 10°$ 。

(五) 坡面防护工程

坡面防护工程就是采用一定的工程措施使松散的、不规则的坡面得到稳固、美化，防止降水水流对斜坡的冲刷，也可以防止坡面的风化。在斜坡的上部，坡体相对平缓，在经过下部支挡，中部锚固以后，滑坡体得到了有效控制，坡顶部分只要将坡面加以防护即可。常用的方法有格构防护、生物防护等措施。

（1）格构防护是最常见的方法，就是在整理过的坡面上使用菱形格构、正方形格构、拱形格构等将坡面加以固定，适宜植物生长的地方可在格构内培土植草。格构材料有钢筋混凝土结构，有块石结构，也有混凝土预制件。

（2）生物防护大多数是配合格构支护使用的，就是在稳定的坡面、锚固框架、格构防护内种植适合于生长的草木，以达到稳固坡面，美化环境的作用。对斜坡实施坡面防护工程，安全有效是第一位的，同时也应考虑与周边环境相协调。

对岩质边坡，为了防止易风化岩石所组成的边坡表面的风化剥落，可采用喷射混凝土、灰浆抹面和砌片石等护坡措施。

（六）组合结构支护措施

对高度较大、地质条件复杂的斜坡，用单一的斜坡处置措施常常达不到治理效果，而需要对各种措施进行合理配置，各种支挡结构联合使用，采用削方、支挡、锚固、排水的斜坡综合处置措施。一段斜坡可以采用不同支护结构的组合形式，如上段为坡率法，下段为锚杆挡墙。锚杆在斜坡加固中通常与其他支挡结构联合使用。目前在高边坡处置方面采用较多的工程结构组合形式如下。

1. 桩—锚组合结构

锚杆与钢筋混凝土桩联合使用，构成钢筋混凝土排桩结合锚杆组合结构。排桩可以是钻孔灌注桩、挖孔桩或劲性混凝土桩；锚杆可以是预应力锚杆或非预应力锚杆，预应力锚杆材料多采用钢绞线（预应力锚索）、精轧螺纹钢（预应力锚杆）。锚杆的数量根据斜坡的高度及推力荷载可采用桩顶单锚点做法和桩身多锚点做法。

高边坡加固工程采用"分级开挖，逐层加固"的原则，一般下部采用抗滑桩（或预应力锚索桩），上部采用预应力锚索。当施工开挖最后一级边坡时，此时高边坡处于最危险状态，坡脚应力集中面最大，如因施工脱节，或机械化大拉槽施工，或护面墙跳槽开挖、砌筑工期过长等，都可能引起高边坡的失稳破坏，并破坏已有加固工程。因此，最合理的搭配是桩-锚组合结构，即当施工剩余最后一级边坡时，先施工抗滑桩，再进行桩前开挖，可预防大变形的产生。这种组合结构非常适合高大边坡和多层、多级滑动的路堑边坡。

2. 锚索（杆）—框架组合结构

锚杆与钢筋混凝土格构联合使用，形成钢筋混凝土格架式锚杆挡墙。锚杆锚点设在格构结点上，锚杆可以是预应力锚杆（索）或非预应力锚杆（索）。这种支挡结构特别适用于高陡岩石斜坡或直立岩石切坡，以阻止岩石斜坡因卸荷而失稳。

3. 肋板—锚杆组合结构

锚杆与钢筋混凝土板肋联合使用形成钢筋混凝土板肋式锚杆挡墙。此结构主要用于直立开挖的Ⅲ、Ⅳ类岩石边坡或土质边坡支护，一般采用自上而下的逆做法施工。

另外，锚杆与钢筋混凝土板肋、锚定板联合使用形成锚定板挡墙，这种结构主要用于填方形成的高陡土质斜坡。

锚杆与钢筋混凝土面板联合使用形成锚板支护结构，适用于岩质斜坡。锚杆在斜坡支护中主要承担岩石压力，限制边坡侧向位移，而面板则用于限制岩石单块塌落并保护岩体表面防止风化。锚板可根据岩石类别采用现浇板或挂网喷射混凝土层。

4. 墙—锚组合结构

墙—锚组合结构，是在坡脚处以挡墙、护面墙进行防护，挡墙以上各级坡面采用预应力锚索框架（地梁）或长锚杆框架加固。

5. 桩—桩组合结构

当斜坡不高、滑体较长、滑坡推力较大，滑坡有可能从斜坡的"半腰"剪出时，一般采用桩—桩组合结构，即由上而下，在滑坡体上布置两排抗滑桩，上排桩抵挡后级滑坡推力，下排桩稳定前级滑坡，如有浅层边坡滑动时可采用预应力锚索框架（地梁）或长锚杆框架进行综合加固。

6. 削方—锚（桩）组合结构

由上陡下缓、软硬相间岩层组成的顺倾、反倾和近水平层状高陡边坡，或边坡存在老错落、老滑坡，开挖后边坡可能产生挤出型或旋转型滑动。由于此类滑坡推力主要来自坡体后部，一般采用后部顺层削方减重可大大减小滑坡推力，前部利用预应力锚索框架（地梁）或抗滑桩支挡。例如，贵州三凯高速公路对门坡顺层岩石滑坡的治理工程，削方减重后滑坡推力平均减小27%。

7. 桩基托梁挡土墙

桩基托梁挡土墙是一种由桩基、托梁及挡土墙组成的复合结构来稳定土体的挡土结构。桩基托梁挡土墙一般用在地基承载力不满足要求的地段；当地面陡峻或地表覆盖层为松散体时，采用桩基础将基底置于稳定地层，挡土墙墙高控制在11m以下，托梁底一般置于原地面。

九、已有斜坡的调查评估及安全维护

所谓已有斜坡，是指天然斜坡和已经存在的人工边坡。已有斜坡的耐久性及其服役寿命问题有可能为斜坡工程的安全使用带来威胁。因为历史原因，目前我国极少有城镇对其管辖区域内影响工程建设及公众安全的斜坡进行过系统的调查，所以拥有的资料不齐全，已有斜坡是否安全，风险程度如何等底数不清。

造成重大人身伤亡及经济损失的滑坡、崩塌等地质灾害很多发生在已建成的斜坡上，其主要原因有斜坡建造的安全度不足、斜坡年久失修、后期的人为因素改变了斜坡的环境条件、斜坡岩土风化等。对已有斜坡没有系统的跟踪管理，缺乏斜坡使用期间有效的检查、维护和管理是斜坡建成后发生破坏、造成重大人身伤亡及经济损失的根本原因。要对已有斜坡进行有效的管理，最基本的是掌握每一个斜坡的详细资料，所以，已有斜坡的调查与稳定性评估是滑坡、崩塌等地质灾害防治和安全管理的基础工作。

（一）已有斜坡的调查

已有斜坡的调查应按照由面到点的顺序进行，即先根据最新的地形图、航空影像、卫星影像、地质图等资料进行斜坡识别，收集整理已有斜坡的工程资料。结合当地的已有勘查成果和工程经验，确定可能发生滑坡、崩塌地质灾害且灾害发生后对公众的生命及财产安全构成威胁的斜坡，对其进行登记造册，而后逐一进行现场调查，并进行必要的工程地质测绘或勘查，以获

取必要的地质资料和周围环境（如市政管线、建筑物等情况）资料。对已有人工斜坡除收集斜坡的地理位置、大小、形状、照片、工程地质条件、水文地质条件、周围环境等资料外，还应收集斜坡的勘查设计图纸、建造年代、竣工资料、检查维修记录等资料，且必须进行现场校核。对于资料收集不全或没有基础资料的人工斜坡，应进行必要的勘查。根据调查收集的资料及勘查资料，为每一个斜坡建立档案，逐步建立斜坡管理信息系统。

（二）已有斜坡工程的勘查

对于没有基础资料或基础资料不全，无法进行斜坡稳定性评价的已有斜坡，要及时进行勘查工作。斜坡体的勘查工作可参照新建斜坡工程的勘查，还应重点查明已有斜坡工程支挡结构的结构形式、基础埋深、几何尺寸、斜坡护面及排水系统情况、支挡系统的损坏情况等，全面掌握支挡系统的结构构造和当前工作状态。综合斜坡体与支挡系统的勘查成果，对已有斜坡进行稳定性评价，需要时提出采取必要措施的建议。

对已有斜坡支挡系统的勘查，可采用井探、坑探、槽探、物探、钻探取芯等手段。勘查时应尽量减小对已有斜坡坡体及支挡系统的扰动和破坏。探井、探坑、探槽等在勘探后应及时封填密实；对支挡结构钻探取芯后应及时回填钻孔，并采取适当措施，使支挡结构不因钻探取芯而降低强度和安全度；勘查工作中破坏的护面及排水系统应及时修复。

（三）已有斜坡的稳定性评价

在已有斜坡调查、勘查成果的基础上，根据资料对已有斜坡进行稳定性评价，提出评价报告。稳定性评价可采用定性及定量两种方式。除高度不高、规模小、破坏后果轻微的斜坡可只采用定性评价外，对一般斜坡均应采取定性和定量相结合的方式进行综合评价。

定性评价的主要方法有经验法、工程地质类比法、统计法等；定量评价一般采用极限平衡法，有经验的地区可采用数值法、概率分析法等。

进行定量计算时，首先应根据斜坡水文地质、工程地质、岩土体结构特征等确定斜坡可能破坏的边界及破坏模式，然后根据实际情况选择相应的参数指标及计算方法。对于土质斜坡和规模较大的碎裂结构岩质斜坡可采用圆弧滑动面法计算；对可能产生平面滑动的斜坡可采用平面滑动面法计算；对可能产生折线滑动的斜坡可采用折线滑动面法计算；对结构复杂的岩质斜坡可采用赤平极射投影法和实体比例投影法分析计算，也可采用数值计算法计算。根据实际情况，必要时还应考虑地震影响和地下水孔隙水压力、渗透压力的影响。人工斜坡的稳定性验算，其稳定安全系数应根据斜坡的重要性（包括斜坡高度、破坏后果等）、破坏方式及所采用的计算方法，根据现行有关规范确定。

(四) 斜坡治理计划

根据已有斜坡稳定性评价结果，结合危险斜坡破坏可能产生的后果，以及社会及公众承受风险的能力，对已有斜坡进行风险评估。所谓风险可以理解为发生不幸事件的或然率与最终导致某种严重后果的或然率两者的乘积。按照风险的高低，将危险斜坡进行排序，综合考虑政府及社会的经济承受能力、斜坡加固工程对社会秩序的影响程度、有资质单位的工程承担能力等因素，合理制订危险斜坡的治理计划。

(五) 斜坡的安全维护

1. 斜坡安全维护的要求

定期检查与妥善维修斜坡，可以很好地保障斜坡表面排水系统和斜坡护面等设施状况，维持斜坡的稳定性，降低发生滑坡、崩塌等地质灾害的机会。对斜坡进行良好的维护，能有效地减少斜坡因安全状况恶化而需进行加固治理的工程费用。

斜坡安全维护包括斜坡的检查、维修和加固，涉及政府有关管理部门、斜坡责任人、相关技术单位和公众，是一个社会性的工作，需要各方面的共同努力才能真正做好。斜坡安全管理机构应在当地政府的统一领导下，协同有关部门确定斜坡安全维护的责任人，即斜坡责任人。

工程设计人员在移交岩土工程开发、治理项目设计资料时，应提供《斜坡安全使用及维护须知》。斜坡责任人有责任和义务对其责任范围内的斜坡及支护结构进行妥善维护，应明确专人负责实施检查、维修及必要的加固工程。当其发现斜坡护面、排水系统有损坏、堵塞等情况时，应及时维修；发现斜坡及周围出现不安全迹象或存在威胁斜坡安全的不利因素时，应采取相应的整改、加固措施或进一步的勘察、治理等必要措施。

2. 斜坡的安全检查

斜坡的安全检查分为常规检查和专业检查两类，常规检查每年宜进行两次，分别在当地的雨季前后进行，或根据当地情况由斜坡安全管理机构确定时限，检查人员应具备滑坡、崩塌和斜坡维护的基本知识。专业检查宜每3~5年进行一次，或根据当地情况由斜坡安全管理机构确定时限，当斜坡出现安全问题时，也应适时进行专业检查，专业检查应由工程技术人员进行。

常规检查主要检查斜坡的坡面及坡体排水设施、护面及斜坡周围的状况，其目的是确保斜坡安全性不会恶化，以及鉴定斜坡的风险程度是否在增高。检查人员应结合《斜坡安全使用及维护须知》制定检查纲要，明确检查重点。检查工作应及时，记录要详实，检查时必须核查上一次检查所提出建议的执行情况，检查中发现需进行维修的内容应在检查记录中明确提出处理意见，若发现斜坡及周围有异常现象或存在检查人员认为对斜坡安全有影响但又不能确定的因素时，应及时向斜坡责任人汇报，斜坡责任人应及时与有关部门联系，采取相应的跟进行动。检查记录应妥善存档保管以备查询和检查。

常规检查的主要内容如下。

(1) 通道。所有的坡级、沟渠和排水廊道都应设置通道以便检查和维修。所有新建斜坡工程的设计应包括设置适当的通道。为避免闲人闯入及破坏，通道应安装锁闸。常规检查应记录是否有良好的维修通道，公众是否不易进入通道，检查人员是否能到达坡顶、坡脚及坡级等。

(2) 监测设备。应检查所有安装在斜坡上的监测设备及工作环境，以确保其在制造商规定的条件下运行。应汇总所有监测结果，判断读数是否可以接受，提出是否需要新增监测设备的建议。例如，监测设备的读数显示斜坡实际情况比设计考虑的情况严重，应分析其原因。

(3) 斜坡表面。应检查不透水坡面状况、坡面植被状况、人工支护状况、坡脚护栏及坡脚挡墙状况，检查斜坡周围环境地表开裂状况等。检查是否有显示斜坡破坏的位移迹象，详细记录裂缝的位置、长度、宽度及相对位移，对于新裂缝应在合适的地点设置监测器或仪表量测点。检查植被覆盖的斜坡表面是否有冲蚀痕迹，记录冲蚀痕迹的位置、深度及范围。检查斜坡上及附近的渗流迹象，记录来自渗流源、排水孔及水平排水斜管的水流情况，在可能的情况下，检查能显示内部冲蚀的固体物质运动情况。

岩石斜坡当节理表现为张性时，应设置监测器或仪表量测点，监测其渐进位移，密集节理的岩石可能表现出整体恶化，每次检查时拍摄岩面的彩色照片有助于评估斜坡情况的恶化范围。

（4）支挡结构。检查支挡结构是否有明显位移，近期有无结构沉降、裂缝及倾斜，排水孔是否通畅，排水能力是否足够，支挡结构是否受植被的不良影响。

（5）排水系统。检查地面排水系统的水流情况，记录排水系统损坏、开裂、淤塞及正在恶化的位置和范围；当周围有建设工程时，应调查建设工程的情况，并分析判断是否可能对斜坡的排水系统造成影响。

观测记录坡体内的水平排水斜管的流量，并建立与当地降水量及流量的关系，当记录到的流量增加时，应检查排水管附近是否有管线设施漏水的迹象。例如，测压计的读数显示地下水位上升，但同时排水管的流量减少，即意味着水平排水斜管的有效性正在降低，应建议进行改善排水系统的措施或增设排水管。

检查排水廊道结构的损坏迹象，记录流入水流的位置和流速，将其与总的排水量进行比较，当水流量增加，但并非直接由降水引起时，应检查流入廊道水的位置，以找出是否有污水管及输水管渗漏的迹象。

（6）管线设施。雨水管、污水管和输水管道是最可能影响斜坡稳定性的管线设施，其他管线，如电话线槽、电缆线槽和废弃管道，也可能将水引入斜坡，从而降低斜坡的稳定性，因此应检查所有管线设施的渗漏或水流迹象，如怀疑在斜坡附近的输水管道和污水管有渗漏，应检查输水管道和污水管。

专业检查应考虑周围环境的变化对斜坡的影响，检查可能导致斜坡破坏的任何成因，评估斜坡及支挡结构的整体状况，查寻竣工后可能产生的不稳定情况，复核常规检查结果。根据实际情况，制订专业检查的实施方案，专业检查完成后，应提供斜坡安全性评价及建议。专业检查的有关资料应作为斜坡档案资料的一部分提交斜坡安全管理机构并纳入斜坡数据资料库统一管理。

3.斜坡的维修加固

（1）斜坡护面的维修。斜坡护面的维修主要是防止水的渗入。应除去坡面不适宜的植物，修补或更换因树根作用受损坏的刚性护面。由块石加水泥砂浆铺砌的护面，其裂缝通常沿着块石间的接缝处发展，应清理和修补受到影响的接缝。应剥除受地下水流潜蚀的刚性斜坡护面，并查明和切断水流源，或者用水平排水斜管将水流引出地面，再铺好护面。应修整受到冲蚀的草植被斜坡，如有需要可用填土。填土应水平成层并压实，必要时，应将受冲蚀区整平和分坡级，避免在过高的垂直坡面上填土。在岩石斜坡做局部护面以防止水进入张开的节理，必要时为利于渗流的导出，应设置排水孔。

（2）排水系统的维修。应清除地表排水系统和水平排水斜管排水口的堵塞物、排水管内的淤积物，以及清洗或更换内部滤层。如果排水系统可能受到源于附近工程场地冲土的堵塞，应采取设置拦污栅、沉砂池、集水坑等防护措施。例如，排水廊道出现损坏迹象，应修缮。大型修补工程不应在雨季进行，若需重建某段沟渠，应在旱季进行。

（3）斜坡的加固。斜坡的加固工程应遵循相应的规定进行，小型的加固工程应由岩土工程设计人员提供加固方案，由有经验的技术人员负责组织和监督实施，竣工报告应妥善存档保管以备检查。大、中型的加固工程应按有关要求进行设计和施工，必要时进行详细勘查。所有设计方案、施工方案应得到斜坡安全管理机构的批准，所有竣工资料应交斜坡安全管理机构存档备案。

第二节　崩塌灾害及防治

一、崩塌的概述

崩塌（崩落、垮塌或塌方）是指较陡斜坡上的岩土体在重力作用下突然脱离母体崩落、滚动、堆积在坡脚（或沟谷）的地质现象，产生在土体中者称为土崩；产生在岩体中者称为岩崩；规模巨大、涉及山体者称为山崩；悬崖陡坡上个别较大岩块的崩落称为落石；斜坡的表层岩石由于强烈风化，沿坡面发生经常性的岩屑顺坡滚落现象称为碎落。

崩塌的过程表现为岩块（或土体）顺坡猛烈地翻滚、跳跃，并相互撞击，最后堆积于坡脚，形成倒石堆。崩塌的主要特征为：下落速度快、发生突然；崩塌体脱离母岩而运动；下落过程中崩塌体自身的整体性遭到破坏，崩塌物的垂直位移大于水平位移。具有崩塌前兆的不稳定岩土体称为危岩体。

崩塌运动的形式主要有两种：一种是脱离母岩的岩块或土体以自由落体的方式而坠落；另一种是脱离母岩的岩体顺坡滚动而崩落。前者规模一般较小，从不足 $1m^3$ 至数百立方米；后者规模较大，一般在数百立方米以上。

按照崩塌体的规模、范围、大小可以分为剥落、坠石和崩落等类型。剥落的块度较小，块度大于0.5m者占25%以下，产生剥落的岩石山坡角一般为30°～40°；坠石的块度较大，块度大于0.5m者占50%～70%，山坡角为30°～40°；崩落的块度更大，块度大于0.5m者占75%以上，山坡角多大于40°。

二、崩塌的形成条件和诱发因素

（一）崩塌的形成条件

1. 岩土类型

岩土是产生崩塌的物质条件。一般而言，各类岩土都可以形成崩塌，但不同岩土类型，所形成崩塌的规模大小不同。通常，坚硬的岩石（如厚层石灰岩、花岗岩、砂岩、石英岩、玄武岩等）具有较大的抗剪强度和抗风化能力，能形成高峻的斜坡，在外来因素影响下，一旦斜坡稳定性遭到破坏，即产生崩塌现象。

沉积岩边坡发生崩塌的概率与岩石的软硬程度密切相关。若软岩在下、硬岩在上，下部软岩风化剥蚀后，上部坚硬岩体常发生大规模的倾倒式崩塌；含有软弱结构面的厚层坚硬岩石组成的斜坡，若软弱结构面的倾向与坡向相同，极易发生大规模的崩塌。页岩或泥岩组成的边坡极少发生崩塌。

岩浆岩一般较为坚硬，很少发生大规模的崩塌。但当垂直节理（如柱状节理）发育并存在顺坡向的节理或构造破裂面时，易产生大型崩塌；岩脉或岩墙与围岩之间的不规则接触面也为崩塌落石提供了有利的条件。

变质岩中结构面较为发育，常把岩体切割成大小不等的岩块，所以经常发生规模不等的崩塌落石。片岩、板岩和千枚岩等变质岩组成的边坡常发育有褶曲构造，当岩层倾向与坡向相同时，多发生沿弧形结构面的滑移式崩塌。

另外，由软硬互层构成的陡峻斜坡，由于差异风化，斜坡外形凹凸不平，因而也容易产生崩塌。

土质边坡的崩塌类型有溜塌、滑塌和堆塌，统称为坍塌。按土质类型，稳定性从好到差的顺序为碎石土、黏砂土、砂黏土、裂隙黏土；按土的密实程度，稳定性由大到小的顺序为密实土、中密土、松散土。

2. 地质构造

自然界的斜坡，经常是由性质不同的岩层以各种不同的构造和产状组合而成的，而且常常为各种构造面所切割，从而削弱了岩体内部的联结，为产生崩塌创造了条件。一般说来，岩层的层面、裂隙面、断层面、软弱夹层或其他的软弱岩性带都是抗剪性能较低的软弱面。如果这些软弱面倾向临空面的倾角较大时，在斜坡受力情况突然变化时，被切割的不稳定岩块就可能沿着这些软弱面发生崩塌。两组与坡面斜交的裂隙，其组合交线倾向临空，被切割的楔形岩块沿楔形凹槽容易发生崩塌。坡体中裂隙越发育，越易产生崩塌，与坡体延伸方向近于平行的陡倾构造面，最有利于形成崩塌。

断裂构造对崩塌的控制作用主要表现为：第一，当陡峭的斜坡走向与区域性断层平行时，沿该斜坡发生的崩塌较多。第二，在几组断裂交汇的峡谷区，往往是大型崩塌的潜在发生地。第三，节理密集分布区岩层较破碎，坡度较陡的斜坡常发生崩塌或落石。

位于褶皱不同部位的岩层遭受破坏的程度各异，因而发生崩塌的情况也不一样。第一，褶皱核部岩层变形强烈，常形成大量垂直层面的张节理。在多次构造作用和风化作用的影响下，破碎岩土体往往产生一定的位移，从而成为潜在崩塌体(危岩土体)。如果危岩土体受到震动、水压力等外力作用，就可能产生各种类型的崩塌、落石。第二，褶皱轴向垂直于坡面方向时，一般多产生落石和小型崩塌。第三，褶皱轴向与坡面平行时，高陡边坡就可能产生规模较大的崩塌。第四，在褶皱两翼，当岩层倾向与坡向相同时，易产生滑移式崩塌；特别是当岩层构造节理发育且有软弱夹层存在时，可以形成大型滑移式崩塌。

3. 地形地貌

地形地貌主要表现在斜坡坡度上。从区域地貌条件看，崩塌形成于山地、高原地区；从局部地形看，崩塌多发生在高陡斜坡处，江、河、湖（水库）、沟的岸坡及各种山坡、铁路、公路边坡、工程建筑物边坡及其各类人工边坡都是有利于崩塌产生的地貌部位。

崩塌的形成要有适宜的斜坡坡度、高度和形态，以及有利于岩土体崩落的临空面。这些地形地貌条件对崩塌的形成具有最为直接的作用。调查表明，斜坡高、陡是形成崩塌的必要条件。规模较大的崩塌，一般多产生在高度大于30m、坡度大于45°（大多数为45°~75°）的陡峻斜坡上。斜坡的外部形状，对崩塌的形成也有一定的影响。一般在上缓下陡的凸坡和凹凸不平的陡坡上易于发生崩塌，孤立山嘴或凹形陡坡均为崩塌形成的有利地形。

据我国西南地区宝成线凤州工务段辖区57个崩塌落石点的统计数据，有75.4%的崩塌、落石发生在坡度大于45°的陡坡。陡坡坡度小于45°的14次灾害均为落石，而无崩塌，而且这14次落石的局部坡度亦大于45°，个别地方还有倒悬情况。

（二）崩塌的外界因素

岩土类型、地质构造、地形地貌三个条件，又统称地质条件，它是形成崩塌的基本条件。除此之外，能够诱发崩塌的外界因素很多，主要有振动、水、不合理的人类活动等。

1. 振动

地震、人工爆破和列车行进时产生的振动可能诱发崩塌。地震时，地壳的强烈震动可使边坡岩体中各种结构面的强度降低，甚至改变整个边坡的稳定性，从而导致崩塌的产生。在硬质岩层构成的陡峻斜坡地带，地震更易诱发崩塌。列车行进产生的振动诱发崩塌落石的现象在铁路沿线时有发生。

2. 水

河流等地表水体不断地冲刷坡脚或浸泡坡脚、削弱坡体支撑或软化岩、土，降低坡体强度，从而诱发崩塌。地下水对崩塌的影响表现为：第一，充满裂隙的地下水及其流动对潜在崩塌体产生静水压力和动水压力。第二，裂隙填充物在水的软化作用下抗剪强度大大降低。第三，充满裂隙的地下水对潜在崩落体产生浮托力。第四，地下水降低了潜在崩塌体与稳定岩体之间的抗拉强度。边坡岩土体中的地下水大多数在雨季可以直接得到大气降水的补给，在这种情况下，地下水和地表水的联合作用，使边坡上的潜在崩塌体更易于失稳。

3. 不合理的人类活动

如公路路堑开挖过深，斜坡过陡，加之开挖路基，改变了斜坡外形，使斜坡变陡，软弱构造面暴露，使部分被切割的岩土体失去支撑，结果引起崩塌。此外地下采空、水库蓄水、泄水等改变坡体原始平衡状态的人类活动，都会诱发崩塌活动。例如，工程设计不合理或施工措施不当，更易产生崩塌，开挖施工中采用大爆破的方法使边坡岩体因受到震动破坏而发生崩塌的事例屡见不鲜。宝成线宝鸡至洛阳段因采用大爆破引起的崩塌落石有 7 处，其中一处是在大爆破后 3h 产生的，崩塌体积约为 20 万 m^3。

三、崩塌的危害

崩塌是山区常见的一种地质灾害现象。它来势迅猛，常使斜坡下的农田、厂房、水利水电设施及其他建筑物受到损害，有时还造成人员伤亡。铁路、公路沿线的崩塌常可摧毁路基和桥梁，堵塞隧道洞门，击毁行车，对交通造成直接危害，还会产生行车事故和人身伤亡。有时因崩塌堆积物堵塞河道，引起壅水或产生局部冲刷，导致路基水毁。为了保证人身安全、交通畅通和财产不受损失，必须对具有崩塌危险的危岩土体进行处理，这样就增加了工程投资。整治一个大型崩塌往往需要几百万甚至上千万元的资金。

长江三峡库区三斗坪至重庆长约1380km 的两岸岸坡内，已查明的滑坡、崩塌和变形体为 263 个，总体积约为 16 万 m^3，平均线变形破坏模数约为 116 万 m^3/km。著名的白鹤坪等 4 个大型崩塌体均位于这一地段，链子崖变形体与新滩滑坡隔江对峙，距三斗坪 25km，变形体总体积为 330 万 m^3 左右，链子崖历史上曾多次发生崩塌，并造成堵江毁船事件。

湖北省远安县盐池河磷矿发生的崩塌，16s 内摧毁该地矿务局机关全部建筑物和坑口设施，致 307 人死亡，经济损失达 2500 万元。崩塌发生在由震旦系石灰岩组成的高差达 400m 的陡壁部位，磷矿在石灰岩层之下。崩塌块石堆积于 V 形河谷中，形成体积为 130 万 m^3、最大厚度达 40m 的堆积体。

9个地震台记录到崩塌产生的地震,震级为1.4级。山体压力、采空区悬臂变形效应使上覆山体发生张裂和剪裂是崩塌发生的主要原因。崩塌前最大裂缝长180m,最宽0.8m,深160m。崩塌时,前缘块体率先滑出倾倒,产生气垫浮托效应;高压作用下产生的高速气流使地表堆积物高速自下而上撞击对面陡壁后产生回弹。崩塌块石以此运动形式越过山脊,毁灭了河谷下游的所谓"安全区",许多人员在此遇难。

四、崩塌的防治

(一)勘查要点

要有效地防治崩塌,必须首先进行详细的调查研究,掌握崩塌形成的基本条件及其影响因素,根据不同的具体情况,采取相应的措施。

调查崩塌时,应注意以下几个方面:第一,查明斜坡的地形条件,如斜坡的高度、坡度、外形等。第二,查明斜坡的岩性和构造特征,如岩石的类型,风化破碎程度,主要构造面的产状及裂隙的充填胶结情况。第三,查明地面水和地下水对斜坡稳定性的影响及当地的地震烈度等。

(二)防治原则

由于崩塌发生得突然而猛烈,因此治理比较困难而且复杂,特别是大型崩塌,一般多采用以预防为主的原则。

在工程选址或线路选线时,应注意根据斜坡的具体条件,认真分析崩塌的可能性及其规模。对有可能发生大、中型崩塌的地段,有条件绕避时,宜优先采用绕避方案。若绕避有困难时,可调整路线位置,离开崩塌影响范围一定距离,尽量减少防治工程规模,或考虑其他通过方案(如隧道、明洞等),确保行车安全。对可能发生小型崩塌或落石的地段,应视地形条件进行经济比较,确定绕避还是设置防护工程通过。如果可以通过,路线应尽量争取设在崩塌体停积区范围之外。其中,若有困难,也应使路线离坡脚有适当距离,以便设置防护工程。

在工程设计和施工工程中,避免使用不合理的高陡边坡,避免大挖大切,以维持山体的平衡。在岩土体松散或构造破碎地段,不宜使用大爆破施工，以免由于工程技术上的错误而引起崩塌。

在整治过程中，必须遵循标本兼治、分清主次、综合治理、生物措施与工程措施相结合、治理危岩与保护自然生态环境相结合的原则。通过治理，最大限度地降低危岩失稳的诱发因素，从而达到治标又治本的目的。

另外，应加强减灾防灾科普知识的宣传，严格进行科学管理；合理开发利用坡顶平台区的土地资源，防止因城镇建设和农业生产而加快危岩的形成，尽量杜绝产生崩塌的诱发因素。

(三) 工程防治措施

崩塌、落石防治措施可分为防止崩塌发生的主动防护和避免造成危害的被动防护两种类型。具体措施的选择取决于崩塌落石历史、潜在崩塌落石特征及其风险水平、地形地貌及场地条件、防治工程投资和维护费用等。常见的防治崩塌的工程措施有：遮挡，拦截，支挡，护墙、护坡，镶补勾缝，刷坡（削坡），排水，安全网系统（SNS）技术。

1. 遮挡

遮挡即遮挡斜坡上部的崩塌落石。该措施常用于中、小型崩塌或人工边坡崩塌的防治中，通常采用修建明硐、棚硐等工程进行，在铁路工程中较为常用。

2. 拦截

对于仅在雨季才有坠石、剥落和小型崩塌的地段，可在坡脚或半坡上设置拦截构筑物，如设置落石平台和落石槽以停积崩塌物质，修建挡石墙以拦坠石，利用废钢轨、钢钎及钢丝等编制钢轨或钢钎栅栏来拦截落石。

3. 支挡

在岩石突出或不稳定的大孤石下面，修建支柱，支挡墙或用废钢轨支撑，或用石砌，或用混凝土作支垛、护壁、支柱、支墩、支墙等以增加斜坡的稳定性。

4. 护墙、护坡

在易风化剥落的边坡地段修建护墙，对缓坡进行坡面喷浆、抹面、砌石铺盖、水泥护坡等以防治软弱岩层进一步风化，进行灌浆缝、镶嵌、锚栓以恢复和增强岩体的完整性。一般边坡均可采用。

5. 镶补勾缝

对坡体中的裂隙、缝、空洞，可用片石填补空洞，水泥砂浆勾缝等以防止裂隙、缝、洞的进一步发展。

6. 刷坡（削坡）

在危石、孤石突出的山嘴及坡体风化破碎的地段，采用刷坡来放缓边坡。

7. 排水

在有水活动的地段，布置排水构筑物，以进行拦截疏导，调整水流，如修筑截水沟、堵塞裂隙、封底加固附近的灌溉引水、排水沟渠等，防止水流大量渗入岩体而恶化斜坡的稳定性。

8. SNS 技术

SNS 技术是利用钢绳网作为主要构成部分来防护崩塌落石危害的柔性安全网防护系统，它与传统刚性结构防治方法的主要差别在于该系统本身具有的柔性和高强度，更能适应于抗击集中荷载和（或）高冲击荷载。当崩塌落石能量高且坡度较陡时，SNS 技术不失为一种十分理想的防护方法。

该技术包括主动系统和被动系统两大类型。主动系统通过锚杆和支撑绳固定方式将钢绳网覆盖在有潜在崩塌、落石危害的坡面上，通过阻止崩塌落石发生或限制崩落岩石的滚动范围来实现防止崩塌的发生。被动系统为一种栅栏式拦石网，它采用钢绳网覆盖在潜在崩岩的边坡面上，使崩岩滑坡面滚下或滑下而不致剧烈弹跳到坡脚之外，它对崩塌落石发生频率高、地域集中的高陡边坡的防治既有效且经济。

SNS 被动系统是一种能拦截崩落的岩块、以具有足够高的强度和柔性的钢绳网为主体的金属柔性栅栏式被动拦石网。整个系统由钢绳网、减压环、支撑绳、钢柱和拉锚 5 个主要部分构成。与传统的拦截式刚性建筑物的主要差别在于该系统的柔性和强度足以吸收和分散崩岩能量并使系统受到的损伤最小。该系统既可有效防止崩塌灾害，又可以最大限度地维持原始地貌和植被，从而保护自然生态环境。

第三节　滑坡灾害及防治

一、滑坡的概述

(一) 滑坡的含义

滑坡是指斜坡上的岩土体，受降水、地下水活动、河流冲刷、地震及人工切坡等因素影响，在重力作用下沿着一定的软弱面或者软弱带，整体或者分散顺坡向下滑动的地质现象。滑体在向下滑动时始终与下伏滑床保持接触，其水平移动分量一般大于垂直移动分量。

出于不同的研究目的，不同的研究者对滑坡有不同的定义。但总的来讲，基本上都或多或少包括了以下一些主要内容：滑坡的物质组成，具有可能滑动的空间，有一个相对稳定的滑动界面（滑面），有一定的水平位移，是一种外动力作用下的地质现象等。所以，将滑坡定义为"斜坡上的岩土体沿某一界面发生剪切破坏向坡下运动的地质现象"是比较恰当的。

斜坡（边坡）失稳会形成滑坡。由于设计或施工不当，或因地质条件的特殊复杂性难以预计，边坡坡体相对于另一部分坡体产生相对位移以至丧失原有稳定性，从而形成滑坡。人为活动引起的滑坡数量已大大超过了自然产生的滑坡，所以很多滑坡是人为因素（如开挖坡脚、坡顶堆载、灌溉等）引起的。

(二) 滑坡的形态

滑坡在平面上的边界和形态特征与滑坡的规模、类型及所处的发育阶段有关。一个发育完全的滑坡，一般包括：滑坡体、滑动带、滑动面、滑坡床、滑坡壁、滑坡台阶、滑坡舌、滑坡周界、滑坡洼地、主滑线（滑坡轴）、滑坡裂缝（拉张裂隙、剪切裂隙、扇状裂隙、鼓胀裂隙）。由此可见，一个完整的滑坡应该包括以上 11 个组成部分。当然，在实际的滑坡现象中，有时候我们很难分清楚各个部分明显的边界，因此以下就常见的 8 个部分进行详细介绍。

（1）滑坡体：斜坡沿滑动面向下滑动的土体或岩体称为滑坡体，其内部一般仍保持着未滑动前的层位和结构，但产生许多新的裂缝，个别部位还可能遭受较强烈的扰动。

(2) 滑动面：滑坡体沿其向下滑动的面称为滑动面。滑动面以上，被揉皱了的厚数厘米至数米的结构扰动带，称为滑动带。有些滑坡的滑动面（带）可能不止一个。滑动面（带）是表征滑坡内部结构的主要标志，它的位置、数量、形状和滑动面（带）土石的物理力学性质，对滑坡的推力计算和工程治理有重要意义。

在一般情况下，滑动面（带）的土石挤压破碎，扰动严重，富水软弱，颜色异常，常含有夹杂物质。当滑动面（带）为黏性土时，在滑动剪切作用下，常产生光滑的镜面，有时还可见到与滑动方向一致的滑坡擦痕。在勘探中，常可根据这些特征，确定滑动面的位置。滑动面的形状，因地质条件而异。一般说来，发生在均质土中的滑坡，滑动面多呈圆弧形。

(3) 滑坡床：在滑动面（带）最后以下稳定的土体或岩体称为滑坡床。

(4) 滑坡周界：滑坡体与周围未滑动的稳定斜坡在平面上的分界线，称为滑坡周界。滑坡周界圈定了滑坡的范围。

(5) 滑坡台阶：有几个滑动面（带）或经过多次滑动的滑坡，由于各段滑坡体的运动速度不同，而在滑坡体上出现的阶梯状的错台，称为滑坡台阶。

(6) 滑坡舌：滑坡体的前缘，形如舌状伸出的部分，称为滑坡舌。

(7) 滑坡裂缝：滑坡体的不同部分，在滑动过程中，因受力性质不同，所形成的不同特征的裂缝。

按受力性质，滑坡裂缝可分为下面四种：①拉张裂缝分布在滑坡体上部，与滑坡壁的方向大致吻合，多呈弧形，因滑坡体向下滑动时产生的拉力形成裂缝张开。②剪切裂缝分布在滑坡体中部的两侧，因滑坡体下滑，在滑坡体内两侧所产生的剪切作用形成的裂缝。它与滑动方向大致平行，其两边常伴有呈羽毛状排列的次一级裂缝。③鼓胀裂缝主要分布于滑坡体的下部，由于滑坡体上、下部分运动速度的不同或滑坡体下滑受阻，致使滑坡体鼓张隆起所形成的裂缝。鼓胀裂缝的延伸方向大体上与滑动方向垂直。④扇形张裂缝分布在滑坡体的中下部（尤以舌部为多），当滑坡体向下滑动时，滑坡体的前缘向两侧扩散引张而形成的张开裂缝。其方向在滑动体中部与滑动方向大致平行，在舌部则呈放射状，故称为扇形张裂缝。

（8）滑坡洼地：滑坡滑动后，滑坡体与滑坡壁之间常拉开成沟槽，构成四周高中间低的封闭洼地，称为滑坡洼地。滑坡洼地往往由于地下水在此处出露，或者由于地表水的汇集，常成为湿地或水塘。

（三）滑坡的识别标志

斜坡滑动之后，会出现一系列的变异现象。这些变异现象，为我们提供了在野外识别滑坡的标志，其中主要有以下三个标志。

1. 地形地物标志

滑坡的存在，常使斜坡不顺直、不圆滑而造成圈椅状地形和槽谷地形，其上部有陡壁及弧形拉张裂缝；中部坑洼起伏，有一级或多级台阶，其高程和特征与外围河流阶地不同，两侧可见羽毛状剪切裂缝；下部有鼓丘，呈舌状向外突出，有时甚至侵占部分河床，表面多鼓张扇形裂缝；两侧常形成沟谷，出现双沟同源现象；有时内部多积水洼地，喜水植物茂盛，有"醉林"及"马刀树"和建筑物开裂、倾斜等现象。

2. 地层构造标志

滑坡范围内的地层整体性常因滑动而破坏，有扰乱松动现象，层位不连续，出现缺失某一地层、岩层层序重叠或层位标高有升降等特殊变化；岩层产状发生明显的变化；构造不连续（如裂隙不连贯、发生错动）等，都是滑坡存在的标志。

3. 水文地质标志

滑坡地段含水层的原有状况常被破坏，使滑坡体成为单独含水体，水文地质条件变得特别复杂，无一定规律可循。如潜水位不规则、无定流向，斜坡下部有成排泉水溢出等。这些现象均可作为识别滑坡的标志。

上述各种变异现象，是滑坡运动的统一产物，它们之间有不可分割的内在联系。所以，在实践中必须综合考虑几个方面的标志，互相验证，以确保准确无误，绝不能根据某一标志，就轻率地做出结论。例如，某地段从地貌宏观上看，有圈椅状地形存在，其内并有几个台阶，曾被误认为是一个大型古滑坡，后经详细调查，发现圈椅状地形范围内几个台阶的高程与附近阶地高程基本一致，应属同一期的侵蚀堆积面，圈椅状地形范围内的松散堆积物下部并无扰动变形，基岩产状也与外围一致，而且外围的断裂构造均延伸至其中，未见有错断现象，圈椅状地形范围内，仅见一处流量微小的裂隙泉水，未见有其他地下水露头。通过这些现象的分析研究，判定此圈椅状地形应为早期溪流流经的古河弯地段，而并非滑坡。

（四）滑坡发育阶段

一般说来，处于自然条件下的岩土体在长期的内外动力作用下，其应力、应变将随时间而发生变化，当变形发展到一定的阶段，岩土体发生破坏。变形破坏过程包括：第一蠕变阶段（AB 段），也称蠕滑阶段，应变率随时间迅速递减；第二蠕变阶段（BC 段），也称稳滑阶段，应变率保持常量；第三蠕变阶段（CD 段），也称加速滑动阶段，应变率由 C 点开始迅速增加，达到 D 点，岩土体此时发生破坏，这一变形阶段的时间较短。

与此相类似，滑坡的发生也要经历不同阶段，各阶段的变形特征各不相同，表现出滑坡的地表位移、速率、裂缝分布不同，各种伴生现象也不相同。滑坡的变形过程可划分为初始变形阶段（弱变形阶段）、强变形阶段、滑动阶段、停滑阶段。

（五）滑坡的分类

为了对滑坡进行深入研究和采取有效的防治措施，需要对滑坡进行分类。但因为自然地质条件的复杂性，以及分类的目的、原则和指标也不尽相同，所以，对滑坡的分类至今尚无统一的认识。结合我国的区域地质特点和工程实践，按滑坡体的主要物质组成和滑动时的力学特征进行的分类，有一定的现实意义。

1. 按滑坡体的主要物质组成划分

（1）堆积层滑坡。堆积层滑坡是工程中经常碰到的一种滑坡类型，多出现在河谷缓坡地带或山麓的坡积、残积、洪积及其他重力堆积层中，它的产生往往与地表水和地下水的直接参与有关。

滑坡体一般多沿下伏的基岩顶面、不同地质年代或不同成因的堆积物的接触面，以及堆积层本身的松散层面滑动。滑坡体厚度一般从几米到几十米分布。

（2）黄土滑坡。发生在不同时期的黄土层中的滑坡，称为黄土滑坡。它的产生常与裂隙及黄土对水的不稳定性有关，多见于河谷两岸高阶地的前缘斜坡上，常成群出现，且大多为中、深层滑坡。其中，有些滑坡的滑动速度很快，变形急剧，破坏力强，属于崩塌性。

（3）黏土滑坡。发生在均质或非均质黏土层中的滑坡，称为黏土滑坡。黏土滑坡的滑动面呈圆弧形，滑动带呈软塑状。黏土的干湿效应明显，干缩时多张裂，遇水作用后呈软塑或流动状态，抗剪强度急剧降低，所以黏土滑坡多发生在久雨或受水作用之后，多属中、浅层滑坡。

（4）岩层滑坡。发生在各种基岩岩层中的滑坡，称为岩层滑坡，它多沿岩层层面或其他构造软弱面滑动。这种沿岩层层面、裂隙面和前述的堆积层与基岩交界面滑动的滑坡，统称为顺层滑坡。但有些岩层滑坡也可能切穿层面滑动而成为切层滑坡。

岩层滑坡多发生在由砂岩、页岩、泥岩、泥灰岩及片理化岩层（片岩、千枚岩等）组成的斜坡上。

2. 按滑坡的力学特征划分

（1）牵引式滑坡。其主要是因为坡脚被切割，（人为开挖或河流冲刷等）使斜坡下部先变形滑动，从而使斜坡的上部失去支撑，引起斜坡上部相继向下滑动。牵引式滑坡的滑动速度比较缓慢，但会逐渐向上延伸，规模越来越大。

（2）推动式滑坡。其主要是由于斜坡上部不恰当地加荷（如建筑、填堤、弃渣等），或在各种自然因素作用下，斜坡的上部先变形滑动，并挤压推动下部斜坡向下滑动。推动式滑坡的滑动速度一般较快，但其规模在通常情况下不再有较大发展。

3. 按滑坡体规模的大小划分

滑坡按滑坡体规模分为小型滑坡（滑坡体小于3万 m^3）、中型滑坡（滑坡体为3万~50万 m^3）、大型滑坡（滑坡体为50万~300万 m^3）、巨型滑坡（滑坡体大于300万 m^3）。

4. 按滑坡体的厚度大小划分

滑坡按滑坡体的厚度又可分为浅层滑坡（滑坡体厚度小于6m）、中层滑坡（滑坡体厚度为6~20m）、深层滑坡（滑坡体厚度大于20m）。

二、滑坡的成因

(一) 滑坡活动的空间规律

滑坡的空间分布规律主要与地质因素和气候因素等有关。通常下列地带是滑坡易发地区和多发地区。

(1) 易滑（坡）岩、土分布区。松散覆盖层、风化岩与残积土层、黄土、泥岩、页岩、煤系地层、易风化的凝灰岩、片岩、板岩、千枚岩等岩土的存在为滑坡形成提供了物质基础。

(2) 地质构造带之中，如断裂带、地震带等。通常地震烈度大于7度的地区中，坡度大于25°的坡体在地震中极易发生滑坡；断裂带中岩体破碎、裂隙发育，则非常利于滑坡的形成。

(3) 暴雨多发区或异常的强降水地区、台风暴雨多发等极端气候区。在这些地区中，异常的降水为滑坡发生提供了诱发因素。

(4) 江、河、湖（水库）、海、沟的岸坡地带，地形高差大的峡谷地区，山区铁路、公路、工程建筑物的边坡地段等。这些地带为滑坡形成提供了地形地貌条件。

(5) 上述地带的叠加区域，就形成了滑坡的密集发育区。例如，我国从太行山到秦岭，经鄂西、四川、云南到藏东一带就是这种典型地区，滑坡发育密度极大，危害非常严重。

(二) 滑坡活动的时间规律

滑坡的活动时间主要与诱发滑坡的各种外界因素有关，如降水、地震、冻融、海啸、风暴潮及人类工程活动等。大致有如下规律。

1. 同时性

有些滑坡受诱发因素的作用后，立即活动。例如，强烈地震、台风暴雨、海啸、风暴潮等发生时及不合理的人类活动，如开挖、爆破等，都会有大量的滑坡出现。

2. 滞后性

有些滑坡发生时间稍晚于诱发作用因素的时间。例如，降水、融雪、海啸、风暴潮及人类活动之后。这种滞后性规律在降水诱发型滑坡中表现最为明显，该类滑坡多发生在暴雨、大雨和长时间的连续降水之后，滞后时间的长短与滑坡体的岩性、结构及降水量的大小有关。一般地，滑坡体越松散、裂隙越发育、降水量越大，则滞后时间越短。

另外，人工开挖坡脚之后，堆载及水库蓄、泄水之后发生的滑坡也属于此类。由人为活动因素诱发的滑坡的滞后时间的长短与人类活动的强度大小及滑坡的原先稳定程度有关。人类活动强度越大，滑坡体的稳定程度越低，则滞后时间越短。

（三）滑坡的主要影响因素

1. 滑坡地质环境条件

（1）地形地貌。只有处于一定地貌部位、具备一定坡度的斜坡才可能发生滑坡。一般江、河、湖（水库）、海、沟的岸坡，前缘开阔的山坡、铁路、公路和工程建筑物边坡等都是易发生滑坡的地貌部位。坡度大于25°、小于45°、下陡中缓上陡、上部成环状的坡形是产生滑坡的有利地形。

（2）岩土体类型。岩土体是产生滑坡的物质基础。通常，各类岩土都有可能构成滑坡体，其中结构松软、抗剪强度和抗风化能力较低，在水的作用下其性质易发生变化的岩土所构成的斜坡易发生滑坡。

（3）地质构造及岩土结构（面）。斜坡岩土被各种构造面切割分离成不连续状态时，具备向下滑动的条件。同时，构造面又为降水等进入斜坡提供了通道。所以各种节理、裂隙、层理面、岩性界面、断层发育的斜坡，特别是当平行和垂直斜坡的陡倾构造面及顺坡缓倾的构造面发育时，最易发生滑坡。

（4）地下水作用。地下水活动在滑坡形成中起着重要的作用。主要表现在：软化岩土体，降低岩土体抗剪强度，产生动水压力和孔隙水压力，潜蚀岩土体，增大岩土体重度，对透水岩石产生浮托力等，尤其是对滑动带的软化作用和降低岩土体抗剪强度作用最突出。

2. 滑坡诱发因素

（1）降水是滑坡发生的重要因素。降水对滑坡的影响很大，不少滑坡具有"大雨大滑、小雨小滑、无雨不滑"的特点。大气降水渗入山体斜坡上，导致斜坡岩土层饱和，增加坡体岩土重力，增大下滑力；浸泡软化易滑地层，使岩土层的抗剪强度大幅度降低；水充满裂隙时形成静水压力，出现水头差时形成动水压力；干湿交替导致岩土体风化开裂，抗剪强度降低，并使更多的水进入坡体导致斜坡失稳。

另外，人为造成地表水向斜坡大量下渗，水渠和水池的漫溢和渗漏，工业生产用水和废水的排放及农业灌溉等，均易使水流渗入坡体，从而促使或诱发滑坡的发生。

（2）沟谷、河流、湖泊、海洋水流冲刷岸坡，掏蚀坡脚，削弱坡脚支撑力，当下滑力大于抗滑力时，岸坡就会滑动。

（3）人为工程活动破坏坡体平衡作用。违反自然规律、破坏斜坡稳定条件的人类工程活动都会诱发滑坡。

a. 人为破坏斜坡的稳定。例如，开挖斜坡坡脚，在斜坡上部填土、弃土，兴建大型建筑物及不适当地加荷载等。

修建铁路、公路、依山建房、建厂等工程，常使坡体下部失去支撑而造成下滑。一些铁路、公路因修建时大量爆破、强行开挖，事后陆续在边坡上发生了滑坡，给道路施工、运营带来危害。厂矿废渣的不合理堆弃，常触发滑坡的发生。

b. 兴建水利工程，改变原地表水排泄条件。坡体因漏水和渗透作用而易产生滑动，水库的水位上下急剧变动，加大了坡体的动水压力，也可使斜坡和岸坡诱发滑坡发生。

c. 工程大爆破及机械振动的松动作用也会引发斜坡滑动。

d. 在山坡上乱砍滥伐，使坡体失去保护，有利于雨水等水体的入渗从而诱发滑坡。

（4）地震动的作用。地震的强烈作用使斜坡承受的惯性力发生改变，使斜坡岩土体的内部结构发生破坏和变化，原有的结构面张裂、松弛，造成地表形变和裂隙增加，降低岩土体的力学强度；地震可引起土层中水位及孔隙水压力变化，砂土液化，抗剪强度降低，动荷载增大，促使斜坡岩土体产生滑动。另外，一次强烈地震的发生往往伴随着许多余震，在地震力的反复震动冲击下，斜坡岩土体就更容易发生变形，最后就会发展成滑坡。

2008年5月12日汶川特大地震中出现的山体崩塌（滚石）、滑坡、泥石流、堰塞湖等地质灾害是这次地震中最为严重的次生灾害，对灾区生命财产安全构成了严重的威胁。据不完全统计，汶川地震触发了 15000 处滑坡、崩塌和泥石流，巨大滑坡、崩塌、泥石流造成了铁路、桥梁、电力、通信等大量基础设施被破坏，导致延误了最佳的抢险时间。

另外，如果人类工程活动与不利的自然作用互相结合，则就更容易促进滑坡的发生。

三、滑坡的危害

滑坡是地质灾害中的主要灾种，给人民生命财产和国民经济建设带来了严重的危害，极大地影响了社会经济的发展。滑坡的广泛发育和频繁发生使城镇、矿山、交通运输及水利水电工程等受到严重危害。

（一）滑坡对城镇的危害

城镇是一个地区的政治、经济和文化中心，人口、财富相对集中，建筑密集、工商业发达。所以，城镇遭受滑坡，不仅会造成巨大的人员伤亡和直接经济损失，而且也会给其所在地区带来一定的社会影响。

著名山城重庆是中国西南地区重要的经济中心，由于所处的特殊地质地理环境和强烈的人类活动影响，滑坡频繁，已成为影响该地居民生活和城市建设的主要因素之一。1985 年王家坡滑坡，造成 102 户居民被迫搬迁，并严重危及重庆火车站的安全；1986 年 7 月，向家坡、老君坡等多处滑坡活动，造成 16 人死亡，3 人重伤，多处房屋被毁；1989 年 9 月，李子坝滑坡复活，堵塞交通，并迫使数十户居民搬迁；1998 年 8 月中旬，重庆市巴南区麻柳嘴镇和云阳县帆水乡大面村分别发生特大型滑坡灾害，500 户房屋全部被毁，1000 余人无家可归，直接经济损失超过 8000 万元。据相关调查资料，重庆市 $201.59km^2$ 范围内，共有体积大于 $500m^3$ 的新、老滑坡 129 处，其中 66 处滑坡处于潜在不稳定或活动状态。

（二）滑坡对交通运输的危害

滑坡是最为严重的一种山区铁路灾害。规模较小的滑坡可造成铁路路基上拱、下沉或平移，大型滑坡则掩埋、摧毁路基或线路，以致破坏铁路桥梁、隧道等工程。在铁路施工阶段发生滑坡，常常会延误工期；在铁路运营中发生滑坡，则常常会中断行车，甚至造成生命财产的重大损失。近年，达川至成都铁路的南充段发生5处山体滑坡，距南充市50km的大通车站前方的桥堡因滑坡而坍塌，使路基塌方约8000m³，致使铁路运输中断行车90多个小时。因此次山体滑坡和路基塌方，公路运输也会严重受阻，水上运输会被迫封航。

山区公路也不同程度地遭受着滑坡的危害，极大地影响了交通运输的安全。中国西部地区的川藏、滇藏、川滇西、川陕西、川陕东、甘川、成兰、成阿、滇黔、天山国防公路等十余条国家级公路频繁遭受滑坡的严重危害。2000年4月9日，位于中国西藏林芝地区波密县境内的易贡藏布河扎木弄沟发生大规模的山体滑坡，形成长约2500km、宽约2500km、平均高约60m的滑坡堆积体，面积约为5km²，体积为2.8亿~3.0亿m³。其致使波密县易贡、八盖两乡和易贡茶场与外界的交通中断，4000多人被围困。经确认，滑坡滑动距离约为8km，高差约为3330m。滑坡体堵塞了易贡藏布河7km长的主河道，形成汇水面积达1万多平方千米的"湖泊"。截至6月10日晚，"易贡藏布湖"累计水位涨幅达35.94m，容量达30多亿立方米。由于滑坡和泥石流土质疏松，导致"大坝"于6月11日凌晨溃决，使下游通麦大桥和两座吊桥被冲垮，通麦大桥至易贡茶场及排龙乡的公路全部被冲毁。此次山体滑坡为世界罕见，也是迄今为止中国发生的最大规模的山体崩滑。

由于特殊的地形地貌，河流沿岸特别是峡谷地段多为滑坡的密集发生段，其对河流航运的危害和影响很大。号称黄金水道的长江是遭受滑坡灾害最严重的河运航道，数十年来，因滑坡造成的断航事故时有发生。

（三）滑坡对矿山的危害

在露天矿山，滑坡灾害几乎影响着矿山生产的整个过程。据中国对10个大型露天矿山的统计，不稳定或具有潜在滑坡危险的边坡约占边坡总长度的20%，个别矿山甚至高达33%。辽宁省抚顺西露天矿自1914年投产至近年，共发生滑坡近60次。为整治滑坡，共削坡减载剥离岩石近1亿m³。

（四）滑坡对水利水电工程的危害

滑坡对水利水电工程的危害也是极为严重的。特别是对水库而言，它不仅使水库淤积加剧、降低水库综合效益、缩短水库寿命，而且还可能毁坏电站，甚至威胁大坝及其下游的安全。

1963年发生在意大利瓦依昂大坝南侧的大规模滑坡的滑移给大坝及其下游的居民带来了毁灭性的灾难。瓦依昂大坝于1960年修建在意大利东北部靠近奥地利和斯洛文尼亚的一个深山峡谷里。水库蓄水量为1.5亿 m^3。坝址区河谷两侧为高角度易滑的沉积岩出露区，并发育有密集的裂隙和古滑动面；大坝修建后，水库水体使坡脚处的岩石饱和、孔隙水压力上升。1963年8~10月的大暴雨诱发了10月9日晚的大滑坡，瓦依昂水库南侧发生快速的大规模坍塌滑动，滑体长1.8km、宽1.6km，体积超过2.4亿 m^3，一部分水库被岩石碎屑填充，并高出水面150m。滑坡冲击地面，在欧洲大部分地区都感觉到了地震。滑动持续时间不足30s，运动速率达30m/s，滑体前锋形成的巨大气流掀翻了房屋。该大坝北侧的水柱高出水面240m，高出坝顶100m的波浪冲出水库，并以70多米高的水墙沿瓦依昂河谷向下游的城市冲去。大部分伤亡损失是由库水涌浪造成的，仅6min，瓦信昂河谷下游城市就被大水淹没，约3000名居民被洪水淹死。这一事件被看作世界上最大的水库大坝灾难。

四、滑坡的调查

(一) 滑坡调查的主要内容

(1) 滑坡调查的范围应包括滑坡区及其邻近地段，一般包括滑坡后壁外一定距离（滑坡滑动会影响和危害的区域），滑坡体两侧自然沟谷和滑坡舌前缘一定距离或江、河、湖水边。

(2) 注意查明滑坡的发生与地层结构、岩性、断裂构造（岩体滑坡尤为重要）、地貌及其演变、水文地质条件、地震和人为活动因素的关系，找出引起滑坡或滑坡复活的主导因素。

(3) 调查滑坡体上各种裂缝的分布特征，发生的先后顺序、切割和组合关系，分清裂缝的力学属性，如拉张、剪切、鼓胀裂缝等，作为滑坡体平面上分块、分条和纵剖面分段的依据，分析滑坡的形成机制。

(4) 通过裂缝的调查，分析判断滑动面的深度和倾角大小。滑坡体上裂缝纵横，往往是滑动面埋藏不深的反映。

裂缝单一或仅见边界裂缝，则滑动面埋深可能较大；如果基础埋深不大的挡土墙开裂，则滑动面往往不会很深；如果斜坡已有明显位移，而挡土墙等依然完好，则滑动面埋深较深。滑坡壁上的平缓擦痕的倾角，与该处滑动面倾角接近一致，滑坡体的剪切裂缝两壁也会出现缓倾角擦痕，同样是下部滑动面倾角的反映。

（5）对岩体滑坡应注意调查缓倾角的层理面、层间错动面、不整合面、假整合面、断层面、节理面和片理面、断层面等，如果这些结构面的倾向与坡向一致，且其倾角小于斜坡前缘临空面倾角，则很可能发展成为滑动面。对土体滑坡而言，首先应注意土层与岩层的接触面构成的滑带形态特征及控制因素，其次应注意土体内部岩性差异界面，以及风化残留的节理裂隙面。

（6）调查滑动体上或其邻近的建（构）筑物（包括支挡和排水构筑物）的裂缝时，应注意区分滑坡引起的裂缝与施工裂缝、填方地基不均匀沉降或密实性沉降裂缝、自重与非自重黄土湿陷裂缝、膨胀土裂缝、温度裂缝和冻胀裂缝的差异，避免误判。

（7）调查滑带水和地下水情况，泉水出露地点及流量，地表水自然排泄沟渠的分布和断面，湿地的分布和变迁情况等。

（8）围绕判断是首次滑动的新生滑坡还是再次滑动的古（老）滑坡进行调查。

（9）当地整治滑坡的经验和教训。

（10）调查滑坡已经造成的损失，滑坡进一步发展的影响范围及潜在损失。

（二）滑坡的野外判断与识别方法

在野外，可以根据滑坡体的一些外表迹象和特征，从宏观角度粗略判断它的稳定性。

1. 不稳定的滑坡体具有的迹象

（1）滑坡体表面总体坡度较陡，而且延伸很长，坡面高低不平；

（2）有滑坡平台、面积不大，且有向下缓倾和未夷平现象；

（3）滑坡表面有泉水、湿地，且有新生冲沟；

（4）滑坡表面有不均匀沉陷的局部平台，参差不齐；

(5) 滑坡前缘土石松散，小型坍塌时有发生，并面临河水冲刷的危险；

(6) 滑坡体上无巨大直立树木。

2. 已稳定老滑坡体的特征

(1) 滑坡后壁较高，长满了树木，找不到擦痕，且十分稳定；

(2) 滑坡平台宽大且已夷平，土体密实，有沉陷现象；

(3) 滑坡前缘的斜坡较陡，土体密实，长满树木，无松散崩塌现象。前缘迎河部分有被河水冲刷过的现象；

(4) 目前的河水远离滑坡的舌部，甚至在舌部外已有漫滩、阶地分布；

(5) 滑坡体两侧的自然冲刷沟切割很深，甚至已达基岩；

(6) 滑坡体舌部的坡脚有清晰的泉水流出等。

五、滑坡工程地质勘查

(一) 滑坡工程地质勘查概述

滑坡工程地质勘查适合按滑坡治理设计阶段循序渐进地进行，按不同设计阶段要求，查清滑坡的成因、类型、规模、范围、稳定状态、滑动面（带）特征、主滑方向及危害性，提出防治方案，供设计参考。

滑坡工程地质勘查宜分为可行性研究勘查、初步设计勘查、施工图设计勘查（详细勘查）及施工补充勘查四个阶段。对于规模较小的或现有资料表明滑体及其周边地质条件较简单的滑坡，可根据实际情况将可行性研究勘查、初步设计勘查合并为一个勘查阶段。

滑坡工程地质勘查应充分搜集分析现有资料，并进行实地踏勘，重视工程地质测绘、工程勘探、岩土物理力学参数测试、资料综合分析和报告、图件编制过程中的每个环节，保证地质资料准确可靠。

应根据勘查阶段、区域及滑坡地质条件的复杂程度、滑坡类型、勘查手段的适宜性，经济、合理地开展综合勘查工作。

(二) 滑坡工程地质测绘

1. 滑坡工程地质测绘的资料准备

滑坡工程地质测绘前，应充分收集地形图、区域地质资料、遥感影像、气象、水文、地震、降雨等资料，前人滑坡调查和监测资料，以及当地防治滑坡的经验。

2. 地形地貌与滑坡活动迹象的调查内容

(1) 岸坡受河道冲刷、淤积变化情况及历史变迁；

(2) 地面坡度、相对高度，台阶位置、数量、宽度、阶坎高度，反坡、洼地、植被、醉汉林和马刀树的分布；

(3) 滑坡边界形状，后缘主断壁走向、坡角、高度、有无擦痕及擦痕的产状，前缘形态、临空面特征，滑动带出露位置（剪出口），地面裂缝性质、分布位置、形状特征、延伸长度、充填情况，裂缝产生的时间及变化情况；

(4) 滑坡发生、发展的历史及相关因素，地貌演变、地表水渗漏、弃渣堆放情况，坡面、房屋、水渠、道路、古墓等的变形、位移、裂缝位置、状态，井、泉、水塘的突然干枯或浑浊现象。

3. 滑坡与周边地质环境条件测绘的内容

(1) 滑坡体物质组成及类型、颗粒成分、结构特征、密实程度、软弱夹层及滑体物质来源；

(2) 滑体周边的地层岩性、产状、厚度、风化状态、岸坡结构、软硬岩层的组合与分布，软弱破碎带的展布及特征，以及层间错动带的分布，含水情况；

(3) 区内褶皱、断层、节理的性质、产状、组合延伸状态、发育程度；

(4) 可能形成滑动面（带）的层位、位置及主滑方向。

4. 滑坡水文地质条件测绘的内容

(1) 滑坡及周边沟系发育特征，径流条件，地表水，大气降水与地下水的补排关系；

(2) 井、泉、水塘、湿地位置，井、泉的类型、流量及季节性变化情况；

(3) 含水层的分布、性质、厚度，岩土体的透水性，地下水的水位、水质及其变化，地下水的径流、补给及排泄条件。

5. 滑坡灾害调查的内容

(1) 人员伤亡情况；

(2) 直接经济损失和间接经济损失；

(3) 地质环境破坏情况；

(4) 社会影响。

6. 滑坡评价及地质点设置

对评价滑坡形成过程及稳定性有重要意义的地质现象，如裂缝、鼓丘、滑坡平台、滑动面（带）、前缘剪出口等，应重点观察描述，并采用扩大比例尺表示，注释实际数据。地质点间距应以保证地质界线在图上的精度为原则，结合滑坡防治工程的重要性可适当加密或减少。在地质界线被覆盖或不明显地段，要有足够数量的人工露头，尤其是滑坡边界、剪出口附近应配合必要的坑（槽）探。当地形底图比例尺为1：5000时，地质点应采用经纬仪测定；当比例尺小于1：5000时，有重要意义的地质点除应采用经纬仪测定外，其余可根据地形地貌测定地质点。

（三）勘探和测试

在充分分析现有地质资料及工程地质测绘成果的基础上，有针对性的布置综合勘探工作。其主要目的是：第一，查明滑体厚度、物质组成、结构特性、空间分布特征，特别是滑动面埋深、空间分布，滑动面（带）厚度、性质；第二，查明地下水类型、埋深、空间分布及动态变化；第三，结合勘探进行水文地质测试，在钻孔中采取岩土样进行物理力学试验，布置长期监测点，必要时可利用钻孔进行有关物探测量。

勘探方法以工程地质钻探为主，探井、探槽、探硐及地球物理勘探为辅，配合地面测绘开展必要的坑（槽）探。

勘探线和勘探点布置的主要技术要求如下。

（1）勘探线的布置视勘查阶段和滑体规模的大小而定，沿滑动方向布置一定数量的纵向勘探线，其中主轴线方向为控制性纵向勘探线，在主轴线两侧至少各布置1条辅助纵向勘探线；垂直滑动方向，以纵勘探线上的勘探孔（竖井）为基础，根据实际情况布置适量的横勘探线，在滑坡体转折处和可能采取防治措施的地段也应布置横勘探线。

（2）控制性纵勘探线上的勘探点不得少于3个，点间距控制在20~60m，一般不超过40m。其余勘探线上勘探点的数量、点间距应根据勘查阶段及实际情况而定，纵横勘探线端点均应超过滑坡周界一定距离。

（3）勘探孔的深度应穿过最下一层滑动面（带），进入稳定岩土层，控制性勘探孔必须深入最下一层滑动面（带）以下5~10m，其他一般性勘探孔应达到滑动面（带）以下5m。另外，控制性勘探孔的深度应达到当地最低基准面（河沟底或路基面）以下一定深度，以及预计支护结构基底下不小于3m。这样做一方面是防止遗漏最深的滑动面，另一方面是由于设计加固工程查清地基情况的需要。若遇重大地质缺陷，应适当加深勘探孔的深度。

(4) 滑坡钻探重点关注滑动面，其要求如下。

A. 地下水位以上土层应采用干法钻进；

B. 地下水位以下土层可采用冲洗法钻进；

C. 滑带及其上下5m宜采用双管单动钻进；

D. 水文地质试验孔或长观孔应采用跟管钻进；

E. 严重缩孔或塌孔时应采取跟管或泥浆护壁；

F. 在钻探过程中，应做好岩芯编录、摄像和钻进记录工作，发现地下水时，视情况做好分层止水，测定初见和稳定水位；在滑带及其上下5m，回次钻进不得大于0.3m，并应及时检查岩芯，确定滑动面（带）位置。

(5) 坑（槽）探与平硐或竖井勘探的要求如下。

A. 大型及特大型滑坡，平硐或竖井的数量不得少于2个；中型滑坡，平硐或竖井数量不得少于1个；小型滑坡可以不布置平硐或竖井。平硐或竖井断面面积以4m²为宜，平硐或竖井应穿过所需探明的滑动面（带）3~5m。

B. 做好坑（槽）及平硐或竖井展示图和工程地质编录，特别注意软弱夹层、破裂结构面、岩土结构面和滑动面（带）的位置和特征的编录，并进行数字摄影摄像。

C. 坑（槽）及平硐或竖井，按要求配合进行滑动面（带）抗剪强度的原位试验，同时在预定层位按要求采取岩、土、水样。

(6) 地球物理勘探的要求如下。

A. 以电阻率法为主，配合地震与面波勘探。

B. 地球物理勘探线原则上应与主要勘探线重合。

C. 沿滑坡主滑方向平行布置至少3条纵向剖面。

D. 根据实际情况布置2~3条横向剖面。

E. 各剖面测深应达到滑动面以下。

F. 根据所测剖面电阻率及地震波速的差异，做出详细物探剖面。其中，应特别注意低电阻率及低地震波速带的埋深、产状及分布特征。

G. 结合工程地质测绘及物探成果,确定钻孔、平硐、坑(槽)探的位置、规模及大致孔深,并以此作为钻孔设计的依据。

H. 在已取得钻探、平硐、坑(槽)探资料的条件下,编制物探-地质剖面。

(7) 滑坡岩土测试的要求如下。

A. 以满足滑坡稳定性评价及治理设计需要为目的。

B. 应取代表性的岩、土、水样,进行物理力学特性试验及水化学分析。

C. 中型以上的滑坡,按要求进行原位抗剪强度试验和现场水文地质测试。

D. 基本物理性质指标:滑带土的天然含水率和饱和含水率、天然重度、土粒密度、孔隙比;滑带土的塑限、液限;滑带土颗粒成分、矿物成分及微观结构;滑坡体或潜在滑坡体各类工程地质岩土的土石比、土体密度孔隙比、天然含水率和饱和含水率、天然重度和饱和重度;中等以上的滑坡应进行滑坡体各岩土层的大重度试验。小型滑坡可根据实际情况考虑。必要时应进行滑带土绝对年龄测定。

E. 滑动带应取原状土样进行试验,当无法采取原状土样时,可取保持天然含水率的扰动土样做重塑样试验。

F. 进行滑坡堆积体或潜滑移体各类工程地质岩土的室内原状样常规三轴压缩试验、直剪试验与压缩试验,确定土压缩模量及其他强度与变形指标。

G. 各岩土层单项室内物理力学试验不得少于6组;中型以上滑坡对其滑动面(带)宜进行2~4组原位大型抗剪强度试验。基岩不同岩组常规物理力学试验,各3组。

H. 进行地下水及地表水化学简分析及混凝土侵蚀试验,3~5组。

Ⅰ. 中型以上的滑坡应根据实际情况进行注(抽)水试验不少于2组,以获得堆积体含水层的渗透系数。

(四) 滑坡治理可行性研究阶段勘查

滑坡治理可行性研究阶段勘查,目的是论证滑坡的存在,评估滑坡防治的必要性和可行性,并提出滑坡防治意见。

可行性研究阶段滑坡工程地质勘查，应搜集当地社会与经济环境、区域水文地质、地貌、气象、地震、遥感图像、前人勘查研究成果及当地滑坡治理经验等资料。

滑坡工程地质测绘比例尺的选用：大型、特大型滑坡为1：5000；中、小型滑坡为1：2000。可行性研究勘查阶段滑坡工程地质测绘范围应包括滑坡堆积体或潜在滑坡体区域、后缘、危害区及滑坡堆积体或潜在滑坡体汇水区。

调查与测绘区内地层、构造、岩性、岸坡结构、不良地质作用和地下水等滑坡产生的地质背景与形成条件，初步确定研究的地质体是否为滑坡，并圈定滑坡边界。

进行必要的勘探及测试工作，了解滑坡体厚度、滑带埋深、物质组成、结构特征及岩土体的物理力学性质指标。充分利用钻孔进行取样及原位测试工作，在滑坡体及周边主要的岩土层中取样，进行室内测试。

可行性研究阶段滑坡工程地质勘查成果资料编制，一般包括滑坡工程地质勘查文字报告及附图件。

1. 滑坡工程地质勘查文字报告

简要阐明当地社会与经济环境、区域地理地质环境、滑坡产生的地质背景和形成条件、水文地质条件、滑坡体基本特征、岩土体物理力学性质指标等要素；初步分析滑坡形成机制和影响因素，评价滑坡稳定性；对滑坡的危害性、防治的可行性进行评估，并提出防治或避让搬迁、监测预警的处置意见及下一步工作建议。

2. 附图件

滑坡工程地质平面图，滑坡工程地质纵、横剖面图。

(五) 滑坡治理初步设计阶段勘查

滑坡治理初步设计阶段勘查是查明滑坡防治工程类型、场地布设，为优化治理工程方案提供工程地质和岩土力学依据。在充分分析、利用可行性研究勘查成果的基础上，展开滑坡初步设计阶段工程地质测绘、勘探、测试工作。

滑坡初步设计阶段勘查工程地质测绘范围必须包括滑坡堆积体或潜在滑坡体区域、后缘与危害区，并可根据实际情况适当扩大范围。

滑坡初步设计阶段滑坡勘探工程与测试主要包括下列内容。

(1) 查明滑体厚度、物质组成、结构特性、空间分布特征，特别是滑动面埋深、空间分布，滑动带厚度、性质；查明含水层类型、埋深、厚度、透水性及空间分布特征；结合勘探进行钻孔原位测试，采取原状岩土样，按需要布置长期监测点。

(2) 以滑坡规模大小，沿主滑动方向布置纵向勘探线，纵向勘探线间距应满足以下要求：单个滑坡纵向勘探线应布置3条，横向勘探线垂直滑动方向布置，每条纵勘探线上勘探点不得少于3个，且控制性钻孔不得少于钻孔总数的1/3。

(3) 采取岩土试样应结合地貌单元、滑坡体物质结构和工程性质布置，其数量可占勘探点总数的1/4~1/2。

(4) 有地下水时应查明地下水的分布层数，含水层的组成和厚度，各层地下水的初见和稳定水位、流量等，并取样做水质分析。

(5) 必要时进行滑坡动态监测。

滑坡初步设计勘查阶段工程地质勘查成果资料的编制包括以下内容。

(1) 工程地质勘查报告。其主要阐明区域地理地质环境、滑坡产生的地质背景和形成条件，滑坡体空间形态特征、物质组成与结构；滑坡变形破坏特征及危害，滑坡区地表水系与水文地质条件，分析滑坡形成机制。提供滑坡治理工程设计所必需的滑体、滑带土及滑床岩土体的物理力学性质指标，计算并综合评价滑坡稳定性，分析滑坡的变形、破坏演化发展趋势，提出滑坡防治对策、方案及下一步工作建议。

(2) 附图。其包括：①工程地质平面图；②滑坡纵、横地质剖面图；③有代表性的钻孔柱状图和坑槽探展示图。

必要时还应提供：①滑床基岩顶板等高线图；②滑坡体地下水流场图；③滑坡体变形及稳定分区图。

(六) 滑坡治理施工图设计勘查

滑坡治理施工图设计勘查应在充分分析、利用初步设计勘查成果的基础上，对滑坡治理工程场地展开有针对性的工程地质测绘、勘探、测试工作，其目的是为滑坡治理工程设计、施工提供详细的工程地质资料和岩土体物理力学性质指标参数；对治理工程措施、结构形式、埋置深度及工程施工等提出建议。

滑坡详细勘查阶段原则上不再进行大面积平面测绘工作。根据设计要求，可进行施工区范围比例尺为 1：500 的工程地质测绘。

滑坡详细勘查阶段滑坡勘探工程与测试主要包括下列内容：

(1) 根据治理工程类型、工程布置，沿抗滑工程轴线布置勘探线；对于已存在勘探线的，加密勘探点。勘探线上钻孔间距和深度应满足滑坡治理工程设计需要，一般要求 20m 一个钻孔，且控制性钻孔不得少于勘探线上钻孔总数的 1/2。

一般沿滑坡主滑断面布置勘探点，对于复杂滑坡，还需在主滑断面两侧和垂直主滑断面的方向分别布置具有代表性的纵（或横）断面。一般情况下，断面中部滑动面（带）变化较小，勘探点间距可大些；断面两头变化较大，勘探点应适当加密。如果滑坡纵向有明显的分级现象时，则每级都须布置适当数量的钻孔，以了解其性质；同时，还应考虑整治工程所需资料的收集。为判定滑坡上部山体的稳定性和进行地层对比分析的需要，有时在滑坡体外尚需布置勘探点。

(2) 详细查明滑体厚度、物质组成、结构特性、空间分布特征，特别是滑动面埋深，空间分布，滑动带厚度、性质；查明含水层类型、埋深、厚度、透水性及空间分布特征；结合勘探进行钻孔原位测试，采取原状岩土样，按需要布置长期监测点。

例如，以支挡为主，则应满足验算和设计支挡建筑物所需资料为准；如果考虑以排水疏干为主要措施，则应在排水构筑物（如排水隧洞检查井）的位置上，增补少量勘探点（钻孔）。

(3) 根据设计要求，补充必要的岩土试样室内试验和原位测试。

滑坡详细勘查阶段工程地质勘查成果资料编制的内容主要有以下几个方面。

(1) 工程地质勘查报告。其主要详细阐明滑体物质组成与结构，滑坡变形破坏特征、诱发因素与危害，进一步确定滑体及滑带土物理力学性质指标，验算滑坡稳定性与滑坡推力，对治理工程措施、结构形式、埋置深度、布置及工程施工等提出建议。

(2) 附图。其包括：①滑坡防治区工程地质平面图；②滑坡纵、横地质剖面图 (含抗滑工程轴线地质剖面图)；③有代表性的钻孔柱状图或坑 (槽) 探展示图。

六、滑坡的预测预报

滑坡的预测预报是滑坡研究的重点，也是斜坡稳定性研究的主要目的。一般来说，滑坡预报包括滑坡的发生时间、空间及规模三个方面。区域斜坡稳定性的空间预测首先通过野外地质调查、遥感解译和试验分析，在建立地质模型的基础上进行预测。

(一) 滑坡前的异常现象

不同类型、不同性质、不同特点的滑坡，在滑动之前，均会表现出不同的异常现象，以显示出滑坡的预兆 (前兆)。归纳起来常见的有如下几种。

(1) 大滑动之前，在滑坡前缘坡脚处，有堵塞多年的泉水复活现象，或者出现泉水 (井水) 突然干枯，井 (钻孔) 水位突变等类似的异常现象。

(2) 在滑坡体中，前部出现横向及纵向放射状裂缝，它反映了滑坡体向前推挤并受到阻碍，已进入临滑状态。

(3) 大滑动之前，滑坡体前缘坡脚处，土体出现上隆 (凸起) 现象，这是滑坡明显地向前推挤现象。

(4) 大滑动之前，有岩石开裂或被剪切挤压的音响，这种现象反映了深部变形与破裂，动物对此十分敏感，有异常反应。

(5) 滑坡临滑之前，滑坡体四周岩 (土) 体会出现小型崩塌和松弛现象。

(6) 如果滑坡体有长期位移监测资料，那么大滑动之前，无论是水平位移量或垂直位移量，均会出现加速变化的趋势。这是临滑的明显迹象。

(7) 滑坡后缘的裂缝急剧扩展，并从裂缝中冒出热气或冷风。

(8) 临滑之前，在滑坡体范围内的动物惊恐异常，植物变态。例如，猪、狗、牛惊恐不宁，不入睡；老鼠乱窜不进洞；树木枯萎或歪斜等。

(二) 滑坡滑动时间的预测预报

滑坡地质过程、形成条件、诱发因素的复杂性、多样性及其变化的随机性、非稳定性，从而导致滑坡动态信息难以捕捉，加之滑坡动态监测技术不成熟和滑坡研究理论不完善，滑坡滑动时间的预测预报一直被认为是一项十分困难的前沿课题。另外，滑坡监测费用高、周期长，也是制约滑坡滑动时间预测预报发展的因素之一。尽管如此，近几十年来，许多研究者都将其作为攻关目标，潜心研究，并取得了初步的成果。目前，国内外预报滑坡滑动时间的方法很多，但主要集中于滑坡变形前兆现象、位移 - 时间曲线变化、斋藤法和改进斋藤法、统计模型和非线性动力学模型、降水量参数、声发射参数等几个方面。

1. 滑坡变形前兆现象预报法

斜坡在滑动之前，常有一些先兆现象。例如，地下水位发生显著变化，干涸的泉水重新出水并明显混浊，坡脚附近湿地增多，范围扩大，斜坡上部不断下陷，外围出现弧形裂缝，坡面树木逐渐倾斜，建筑物开裂变形，斜坡前缘土石零星掉落，坡脚附近的土石被挤紧，并出现大量鼓胀裂缝等。如果经调查证实，山坡农田变形，水田漏水，水田改为旱田，大块田改为小块田，或者斜坡上某段灌溉渠道不断破坏或逐年下移，则说明斜坡已在缓慢滑动过程中。这些现象一般出现在临滑前，用于临滑预报十分有效，但它有赖于正确的地质分析和经验判断。

2. 位移——时间曲线变化趋势判断法

基于岩土体变形的蠕变（流变）理论，在滑坡变形的不同阶段，位移 - 时间曲线形态不同，处于临滑阶段的位移 - 时间曲线呈现急剧上升趋势。在系统监测资料的基础上，判断位移变化的加速阶段，按变化趋势在曲线上找出滑坡失稳时刻，进行预报，这是近几十年来滑坡滑动时间预报中最常用的方法。预报效果取决于监测精度，并依赖于正确的地质分析和经验判断。中国的卧龙寺新滑坡及新滩滑坡等都是用此方法做出了成功的预报。

3. 斋藤法和改进斋藤法

斋藤法以土体蠕变理论为基础，以应变速率为基本参数，在一定程度上反映了滑坡变形的本质。因而，自斋藤法出现后，较多研究者用其进行滑坡预报，并取得了一定效果。一些学者尝试研究了改进的斋藤法，用来预报滑坡滑动时间。

4. 统计模型法

统计模型是目前滑坡预测预报研究中最活跃的领域,其基本原理是以数理统计方法为基础,建立滑坡位移——时间关系的数学模型来描述滑坡变形的规律,预报滑坡发生的时间。

常见的统计模型有回归模型、灰色理论模型、泊松旋回模型、生物生长模型、梯度正弦模型及突变理论模型等。

5. 非线性动力学模型预报法

以非线性动力学理论为基础,建立滑坡孕育过程的非线性动力学模型,进而预报滑坡发生时间。从理论上看,这是对滑坡滑动规律认识的一个飞跃。然而,由于滑坡演变的复杂性及外界环境的多变性,要建立滑坡孕育过程的非线性动力学方程并不容易,但它对今后的进一步研究将产生很大的影响。

6. 降水量参数预报法

降水在滑坡演变过程中起着重要的诱发作用。雨季或雨季后,滑坡发生频繁。降水可缩短滑坡的演变历程,使处于蠕滑变形阶段的滑坡提前滑动,所以,以降水量为参数,预报滑坡启动的临界降水量和降水强度亦是预报滑坡发生时间的方法之一。

7. 声发射参数预报法

以滑坡变形过程中岩土体声发射参数为指标预测滑坡动态,是目前发达国家滑坡滑动时间预报研究中的另一热点。声发射现象是指材料受到一定大小的作用力后,其内部产生微裂隙而发射出声波的现象。一般来说,只有当应力达到或超过材料所受到的最大先期应力时,才会出现明显的声发射现象。岩体临近破坏前,声发射的频率和幅度都显著增加;破坏以后,达到新的平衡,声发射频率和幅度随之减小。因此,采用声发射法进行监测分析,可以了解岩体的软弱部位、应力状态,并预测其稳定性。

另外,还有多参数预报法、黄金分割法等预报方法。从上述各种方法的有效性来看,仅前三种方法对滑坡做出过成功的滑前预报。其他方法有的事后验证效果不错,有的还处于探索之中。

总体上看,以地质分析、经验判断为主的定性或半定量预报及基于监测资料的趋势性预报仍是当前滑坡滑动时间预报的主要研究方向,如基于岩土体蠕变理论的滑坡变形演变过程及动态趋势预报研究、基于数理统计理论的滑坡滑动时间预报模型研究、基于非线性动力学的滑坡滑动时间预报研究、多因子综合预报研究及考虑水体影响和人类活动因素的定量评价研究是滑坡滑动时间预报研究的重要方向。

(三) 滑坡活动强度的预测预报

滑坡活动强度包括滑动速度和滑移距离两个方面。滑坡活动强度预测是滑坡运动学特征的预测。所以，研究物体运动特征的运动物理学和能量转换与守恒定律被视为是滑坡运动学研究的基础。

两点运动学预测方法：将滑坡运动看作质量集中于重心的质点运动，从而利用质点运动学和相应的能量转换与守恒定律研究滑坡的运动过程。

滑坡运动机理研究与质量运动学相结合的预测方法：这是一种基于不同的滑坡运动机理假设而进行滑坡活动强度预测的方法。例如，奥地利相关学者调查了世界上33个大型滑坡的运动特征后提出了架空坡斜率（等价摩擦系数）的概念，并建立了相应的计算公式。

日本学者佐佐木恭二在室内环剪实验的基础上，利用测定的内摩擦角对日本数个碎屑流滑坡的滑速、滑程进行反演拟合研究，并提出了相应的公式。中国学者王思敬等在研究大型滑坡运动机理的基础上，通过滑坡运动全过程能量分析，提出了滑速及最大滑距预测公式。与滑坡滑动时间的预测预报研究一样，滑坡活动强度的预测预报也不成熟，尚有待进一步研究。如何使质点运动物理学理论和能量转换与守恒定律更合理地指导滑坡运动特征研究，是今后的主要研究趋势。

(四) 滑坡危害预测预报研究现状和趋势

滑坡危害的预测研究大多建立在运动特征研究的基础上，首先圈定滑坡可能的危害范围，然后根据直观经验对可能受灾范围内的灾害损失和社会经济影响做出评估。滑坡灾害潜在危险的预测是一项很复杂的系统工程，许多因素是动态变化的。

目前较为流行的方法是通过成灾动力条件分析，建立专家综合评判模型，采用类比推断的方法，确定成灾预测评判模式。其重点是抓住形成滑坡的主要因子，即人为活动强度、降水强度与年均降水量、地震活动强度等条件，结合环境质量进行综合评判。

上述各种滑坡的预测预报方法有其各自的适用条件。大多数定量预测模型都依赖于对滑坡的绝对位移量进行系统的连续监测，但无论国内还是国外，实际上当前只对极少数重大滑坡实施了监测，以致很多滑坡都是在没有任何监控的条件下"突然"发生。此外，影响滑坡的因素复杂，不确定性因素很多，滑坡变形特点、变形过程和变形机制复杂多变，所以，绝大多数滑坡难以准确预报，对于因偶然因素触发的滑坡更是无能为力，如地震诱发的滑坡等。由此可见，在对滑坡进行调查的基础上，有计划地对滑坡进行监测，是保证滑坡预报成功、减少灾害损失的前提。对频繁发生的降水诱发型滑坡，要重点监测降水量、地下水位与滑坡变形的关系，为滑坡的预报提供可靠的依据。

七、滑坡的防治

滑坡治理应考虑滑坡类型、成因、水文和工程地质条件的变化、滑坡阶段、滑坡稳定性、滑坡区建(构)筑物和施工影响等因素，分析滑坡的发展趋势及危害性，采用排水工程、削方减载与压脚工程、抗滑挡土墙工程、混凝土抗滑桩工程、预应力锚索工程、锚拉桩、格构锚固工程等进行综合治理。

不稳定的滑坡对工程和建筑物危害性较大，一般对大中型滑坡，应以绕避为宜。如果不能绕避或绕避非常不经济时，则应予整治。滑坡的工程整治措施大致可分为消除和减轻水对滑坡的危害、改善滑坡体力学平衡条件及其他措施三类。

(一) 消除和减轻水对滑坡的危害

水是促使滑坡发生和发展的主要因素，尽早消除和减轻水对滑坡的危害，是滑坡工程整治中的关键。疏干滑坡体内地下水，以及截断和引出滑坡附近的地下水，常常是整治滑坡的根本措施。

排除地下水可使滑坡岩土体的含水率或孔隙水压力降低，边坡土体干燥，从而提高其强度指标，降低土层的重度，并可消除地下水的水压力，以提高坡体的稳定性。

1. 截、排地表水

（1）沿滑坡周界处修建环形截水沟，不使滑体外水进入滑体的周边裂缝及滑坡体内。

（2）在滑坡体上修建树枝状排水系统，排除滑体范围内的地表水。

（3）在滑坡体上修建明沟与渗沟相结合的引、排水工程，排除滑体内的泉水、湿地水等。

2. 截、排地下水

（1）在滑坡体上修建渗沟，截、排地下水。主要有以下 3 种类型。

A. 支撑渗沟：此类型适用于中、浅层滑坡，由于其抗剪强度较高，兼有支撑滑体和排水两个作用。

B. 截水渗沟：截排滑体外深层地下水，不使其进入滑体。

C. 边坡渗沟：支撑边坡并疏干边坡地下水。

（2）在滑床及滑坡体上修建隧洞，截排地下水。主要用于深层滑坡，其类型有以下 3 种。

A. 截水隧洞：引排滑体外深层地下水，不使其进入滑体。

B. 排水隧洞：引排出滑体内地下水。

C. 疏干隧洞：疏干滑坡体内的地下水，常与渗井等工程配合修建。

（3）在滑坡体上施设垂直孔群，使用钻孔穿透滑带，起到降低地下水压力或将滑坡水降至下部强透水层中排走的作用。当下部地层具有良好的排泄条件时，效果才好。

（4）采用渗井与水平钻孔相结合的截排水方法：其排水是以渗井聚集滑体内地下水，用近于水平的钻孔穿连渗井，把水排出，疏干滑体。

3. 平整滑坡地表

（1）整平夯实滑坡坡面，夯填滑体内的裂缝，防止地表水渗入滑体内。

（2）植树铺草皮，固化滑坡土体表面，防止水流冲刷下渗。

（二）改善滑坡体力学平衡条件

采取挡墙、锚固、抗滑桩等工程措施，改善滑坡体力学平衡条件，减小下滑力，增大抗滑力，达到稳定滑坡的目的。其基本原理与边坡加固措施类似。

1. 支挡工程措施

在滑坡体适当部位设置支挡建筑物（如抗滑挡土墙、抗滑明洞、抗滑桩等）可以支挡滑体或把滑体锚固在稳定地层上。由于这种方法对山体破坏少，可有效地改善滑体的力学平衡条件，故被广泛加以采用。其主要类型如下所述。

（1）抗滑挡土墙。抗滑挡土墙是目前整治中小型滑坡中应用最为广泛而且较为有效的措施之一。根据滑坡的性质、类型和抗滑挡土墙的受力特点、材料和结构不同，抗滑挡土墙又有多种类型。

从结构形式上分。

A. 重力式抗滑挡土墙；

B. 锚杆式抗滑挡土墙；

C. 加筋土抗滑挡土墙；

D. 板桩式抗滑挡土墙；

E. 竖向预应力锚杆式抗滑挡土墙等。

从材料上分。

A. 浆砌条石（块石）抗滑挡土墙；

B. 混凝土抗滑挡土墙（浆砌混凝土预制块体式和现浇混凝土整体式）；

C. 钢筋混凝土式抗滑挡土墙；

D. 加筋土抗滑挡土墙等。

选取何类型的抗滑挡土墙，应根据滑坡的性质、规模、类型、工程地质条件、当地的材料供应情况等条件，综合分析，合理确定，以期达到整治滑坡的同时，降低整治工程的建设费用。

抗滑挡土墙与一般挡土墙类似，但它又不同于一般挡土墙，主要表现在抗滑挡土墙所承受的土压力的大小、方向、分布和作用点等方面。一般挡土墙主要抵抗主动土压力，而抗滑挡土墙所抵抗的是滑坡体的滑坡推力。一般情况下，滑坡推力较主动土压力大。为满足抗滑挡土墙自身稳定的需要，通常抗滑挡土墙墙面坡度采用1:0.3~1:0.5，甚至缓至1:0.75~1:1。为增强抗滑挡土墙底部的抗滑阻力，可将其基底做成倒坡或锯齿形；为增加抗滑挡土墙的抗倾覆稳定性，可在墙后设置1~2m宽的衡重台或卸荷平台。

采用抗滑挡土墙整治滑坡，对于小型滑坡，可直接在滑坡下部或前缘修建抗滑挡土墙；对于中、大型滑坡，抗滑挡土墙常与排水工程、刷方减重工程等整治措施联合适用。其优点是山体破坏少，稳定滑坡收效快。尤其对于斜坡体因前缘崩塌而引起大规模滑坡，抗滑挡土墙会起到良好的整治效果。但在修建抗滑挡土墙时，应尽量避免或减少对滑坡体前缘的开挖，必要时可设置补偿式抗滑挡土墙，在抗滑挡土墙与滑坡体前缘土坡之间反压填土。

（2）预应力锚索。预应力锚索是对滑坡体主动抗滑的一种技术。通过预应力的施加，增强滑带的法向应力和减少滑体下滑力，有效地增强滑坡体的稳定性。预应力锚索主要由内锚固段、张拉段和外锚固段三部分构成。预应力锚索材料宜采用低松弛高强钢绞线加工。

预应力锚索设置必须保证达到所设计的锁定锚固力要求，避免由于钢绞线松弛而被滑坡体剪断；同时，必须保证预应力钢绞线有效防腐，避免因钢绞线锈蚀导致锚索强度降低，甚至破断。预应力锚索长度一般不超过50m，单束锚索设计吨位宜为500~2500kN级，不超过3000kN级。预应力锚索布置间距宜为4~10m。当滑坡体为堆积层或土质滑坡，预应力锚索应与钢筋混凝土梁、格构或抗滑桩组合使用。

（3）格构锚固。格构锚固技术是利用浆砌块石、现浇钢筋混凝土或预制预应力混凝土进行坡面防护，并利用锚杆或锚索固定的一种滑坡综合防护措施。

格构技术应与美化环境结合，利用框格护坡，并在框格之间种植花草，达到美化环境的目的。根据滑坡结构特征，选定不同的护坡材料。当滑坡稳定性好，但前缘表层开挖失稳，出现坍滑时，可采用浆砌块石格构护坡，并用锚杆固定；当滑坡稳定性差，且滑坡体厚度不大，宜用现浇钢筋混凝土格构结合锚杆（索）进行滑坡防护，须穿过滑带对滑坡阻滑；当滑坡稳定性差，且滑坡体较厚，下滑力较大时，应采用混凝土格构结合预应力锚索进行防护，并须穿过滑带对滑坡阻滑。

（4）抗滑桩。抗滑桩是我国铁路部门20世纪60年代开发、研究的一种抗滑加固（支挡）工程结构，后在各个行业得到广泛的应用，是治理大中型滑坡最主要的加固（支挡）工程结构。对于高边坡加固工程来说，依据"分层开挖、分层稳定、坡脚预加固"原则，抗滑桩（预应力锚索抗滑桩）与钢筋混凝土挡板、桩间挡墙、土钉墙等结构结合，组成复合结构，大量使用在路堑边坡的坡脚预加固工程中，这些复合结构适应了高边坡的变形规律，能够有效地控制高边坡的大变形。

抗滑桩与一般桩基类似，但主要是承担水平荷载。抗滑桩是通过桩身将上部承受的坡体推力传给桩下部的侧向土体或岩体，依靠桩下部的侧向阻力来承担边坡的下推力，而使边坡保持平衡或稳定。抗滑桩适用于深层滑坡和各类非塑性流滑坡，对缺乏石料的地区和处理正在活动的滑坡，更为适宜。

抗滑桩主要具有以下优点。

（1）设桩位置灵活，可集中设置在滑坡的前缘附近，也可设置在滑坡体其他部位；可单独使用，也可与锚杆（索）联合使用。

（2）每根桩的工程量不大，施工中对滑体稳定性影响小；对正在活动的滑坡，采用自两侧向主轴施工的方法，可以不加剧其活动性。

（3）在已通车的线路或已投产的厂矿施工，可以不影响行车和正常生产。

（4）桩孔本身是一个很好的深探井，通过它可以取得滑动面准确位置等其他参数，检验和修正设计，使其更符合实际。

抗滑桩的平面位置、间距和排列等，取决于滑体的密实程度、含水情况、滑坡推力大小及施工条件等因素。通常需布置一排或数排，每排在平面上布置呈向上方的拱形，更有利于承受推力和使边桩多分担荷载。排距取决于前后桩排上的推力分配，通常是每一块滑体布设一排，设于滑体较薄的抗滑段部位，或滑坡计算剖面上下滑力较小的部位。每排桩的横向间距，在有土体自然拱的试验资料时，可参照试验数据决定；无试验资料时，可取2~5倍桩径为宜，通常滑体主轴附近间距小些，两侧大些；滑体密实者间距大些，反之则小些，以免滑体从两桩之间挤出。

2. 减载和反压

减载和反压措施在滑坡防治中应用较广。对于滑床上陡下缓，滑体"头重脚轻"的或推移式滑坡，可对滑坡上部主滑段刷方减荷；也可在前部抗滑段反压填土，以达到滑体的力学平衡。对于小型滑坡可全部清除。减重和清除均应慎重从事，应验算和检查残余滑体和后壁的稳定性。

（1）主滑段刷方减荷。对推移式滑坡，在上部主滑地段减荷，常起到根治滑坡的效果。对其他性质的滑坡，在主滑地段减荷也能起到减小下滑力的作用。减荷一般适用于滑坡床为上陡下缓、滑坡后壁及两侧有稳定的岩土体，不致因减荷而引起滑坡向上和向两侧发展造成后患的情况。对错落转变成的滑坡，采用减荷使滑坡达到平衡，效果比较显著。对有些滑坡的滑带土或滑体，具有卸载膨胀的特点，减荷后使滑带土松弛膨胀，尤其是地下水浸湿后，其抗滑力减小，引起滑坡下滑，具有这种特性的滑坡，不能采用减荷法。另外，减荷后将增大暴露面，有利于地表水渗入坡体和使坡体岩石风化，对此应充分考虑。

（2）抗滑段反压填土。在滑坡的抗滑段和滑坡外前缘堆填土石加重，如做成堤、坝等，能增大抗滑力而稳定滑坡；但必须注意只能在抗滑段加重反压，不能填于主滑地段。而且反压填方时必须做好地下排水工程，不能因填土堵塞原有地下水出口，造成后患。

（3）减荷和反压相结合。对于某些滑坡可根据设计计算后，确定需减少的下滑力大小，同时在其上部进行部分减荷和在下部反压。减荷和反压后，应验算滑面从残存的滑体薄弱部位及反压体底面剪出的可能性。

（三）其他措施

滑坡防治的其他措施包括护坡、改善岩土性质、防御绕避等。

1. 护坡是为了防止降水等地表水流对斜坡的冲刷或淘蚀，也可以防止坡面岩土的风化

为了防止河水冲刷或海、湖、水库的波浪冲蚀，一般修筑挡水防护工程（如挡水墙、防波堤、砌石及抛石护坡等）和导水工程（如导流堤、丁坝、导水边墙等）。为了防止易风化岩石所组成的边坡表面的风化剥落，可采用喷浆、灰浆抹面和砌片石等护坡措施。

2. 改善岩土性质的目的，是为了提高岩土体的抗滑能力，也是防治斜坡变形破坏的一种有效措施

常用的有化学灌浆法、电渗排水法和焙烧法等。它们主要用于土体性质的改善，也可用于岩体中软弱夹层的加固处理。

通过采用灌浆法、焙烧法、电化学法、硅化法，以及孔底爆破灌注混凝土等措施，改变滑带土的性质，提高其强度，达到增强滑坡稳定性的目的。

3.防御绕避措施一般适用于线路工程(如铁路、公路)

当线路遇到严重不稳定斜坡地段,处理很困难时,可考虑采用此措施。具体工程措施有:明硐和御塌棚、外移作桥和内移作隧等。

以上所述各项措施,可根据具体条件选择采用,有时可采取综合治理措施。

参考文献

[1] 黄雨，毛无卫，郭桢.地质灾害机理与防治[M].北京：科学出版社，2023.06.

[2] 刘振红.库区地质灾害监测预警信息技术研究[M].郑州：黄河水利出版社，2023.11.

[3] 吕宝雄，董秀军，曹钧恒.空地激光雷达地质灾害排查与识别技术及遥感监测应用[M].北京：中国水利水电出版社，2023.10.

[4] 吴圣楠.我国西南地区地质灾害风险管理理论与实践[M].成都：四川大学出版社，2023.11.

[5] 霍志涛，张业明，付小林.常见地质灾害防治应知应会一本通[M].北京：科学出版社，2023.11.

[6] 自然资源部地质灾害应急技术指导中心.2022年度全国重大地质灾害事件与应急避险典型案例[M].北京中地金土图书发行有限公司，2023.07.

[7] 周保.青海省湟水流域崩滑灾害研究[M].北京：地质出版社，2023.10.

[8] 自然资源部宣传教育中心，自然资源部地质灾害防治技术指导中心，中国地质灾害防治与生态修复协会编.地灾防治成功案例启示录[M].北京：地质出版社，2023.11.

[9] 林孝先，尹明辉，陈浩，董廷旭，冉锦屏.地震扰动区地质灾害防治理论与实践[M].中国环境出版集团，2022.12.

[10] 谢湘平.地质灾害泥石流及其防治措施[M].陕西新华出版传媒集团；西安：陕西科学技术出版社，2022.06.

[11] 周保，毕海良，王仲夏.青海地质灾害[M].西宁：青海人民出版社，2022.06.

[12] 高旭，刘鹏，翟晓雁．地质灾害治理工程施工研究 [M]．西安：西安地图出版社，2022.12．

[13] 苏生瑞，朱兴国，刘铁铭．西安市地质环境条件与地质灾害研究 [M]．北京：地质出版社，2022.05．

[14] 国务院第一次全国自然灾害综合风险普查领导小组办公室 [M]．地质灾害风险普查与评价．应急管理出版社，2022.04．

[15] 陈红旗．地质灾害隐患识别导则 [M]．武汉：中国地质大学出版社，2022.09．

[16] 中国安全生产科学研究院．地质灾害防御及应急避险指南 [M]．北京：中国劳动社会保障出版社，2022.10．

[17] 连会青，郑贵强．自然灾害应急管理概论 [M]．应急管理出版社，2022.06．

[18] 代德富，胡赵兴，刘伶主．地质灾害防灾减灾体系理论与建设 [M]．北京：北京工业大学出版社，2021.10．

[19] 王钦军．地质灾害遥感 [M]．北京：科学出版社，2021.01．

[20] 张茂省，薛强，贾俊，徐继维．地质灾害风险管理理论方法与实践 [M]．北京：科学出版社，2021.06．

[21] 刘传正．突发性地质灾害防治研究 [M]．北京：科学出版社，2021.05．

[22] 张军，王红，刘彦杰．基于地质灾害风险与土地评价的区域土地利用理论与实践 [M]．北京：中国农业出版社，2021.09．

[23] 李树刚．灾害学第3版 [M]．应急管理出版社，2021.12．

[24] 徐智彬，刘鸿燕．地质灾害防治工程勘察 [M]．重庆：重庆大学出版社，2020.05．

[25] 刘晶，彭绍才，李少林．基于物联网的库岸地质灾害监测技术与应用 [M]．北京：中国水利水电出版社，2020.11．

[26] 吴绍洪，刘燕华，岳溪柳．地震地质灾害链风险识别与评估 [M]．北京：科学出版社，2020.03．

[27] 中国地质灾害防治工程行业协会．地质灾害勘查预算标准 T/CAGHP 074-2020[M]．武汉：中国地质大学出版社，2020.06．

[28] 王念秦. 地质灾害防治技术 [M]. 北京：科学出版社, 2019.10.

[29] 石胜伟, 陈容, 张勇. 常见地质灾害识别与避让科普手册 [M]. 北京：科学出版社, 2019.01.

[30] 中国地质灾害防治工程行业协会. 地质灾害治理工程质量检验评定标准 [M]. 武汉：中国地质大学出版社, 2019.05.

[31] 何升, 胡世春. 地质灾害治理工程施工技术 [M]. 成都：西南交通大学出版社, 2018.09.